农家书屋 NONG JIA SHU WU

SHESHI ZHONGZHI
XITIANGUA
BINGCHONGHAI
FANGZHI TUJIAN

设施种植西甜瓜病虫害防治图鉴

沈渭明　编著

甘肃科学技术出版社

图书在版编目（CIP）数据

设施种植西甜瓜病虫害防治图鉴 / 沈渭明编著. -- 兰州：甘肃科学技术出版社, 2019.3
ISBN 978-7-5424-2541-6

Ⅰ. ①设… Ⅱ. ①沈… Ⅲ. ①西瓜-病虫害防治-图解②甜瓜-病虫害防治-图解 Ⅳ. ①S436.5-64

中国版本图书馆CIP数据核字（2018）第294561号

设施种植西甜瓜病虫害防治图鉴

沈渭明　编著

责任编辑　何晓东
封面设计　陈妮娜

出　版　甘肃科学技术出版社
社　址　兰州市读者大道568号　730030
网　址　www.gskejipress.com
电　话　0931-8773023（编辑部）　0931-8773237（发行部）
京东官方旗舰店　https://mall. jd. com/index-655807.html

发　行　甘肃科学技术出版社　　印　刷　兰州新华印刷厂
开　本　710毫米×1020毫米　1/16　印　张　6.5　插　页　1　字　数　130千
版　次　2019年6月第1版
印　次　2019年6月第1次印刷
印　数　1~20 000
书　号　ISBN 978-7-5424-2541-6　　定　价　19.80元

前 言

西瓜、甜瓜是带动农民快速增收的高效园艺作物和满足居民夏季消费需求的主要时令瓜果，其产业重要性日益提高。全国常年西甜瓜种植面积3300万亩左右，其中西瓜播种面积2700万亩左右，总产量约7070万吨；甜瓜播种面积600万亩左右，总产量约1330万吨。近年来，随着国内塑料大棚、日光温室和连栋温室等设施迅猛发展，设施西甜瓜栽培面积也迅速扩大。由于异地引种调苗和多年重茬栽培，设施西甜瓜病虫害种类不断增多，为害逐年加重，尤其是根结线虫、细菌性果斑病、病毒病等病害的蔓延和流行，造成了不同程度的减产甚至绝收，严重影响了设施西甜瓜的产量和效益，对设施西甜瓜生产提出了严峻挑战。同时由于农药的不合理使用，产品农药残留问题日益突出，严重威胁着食品安全。

本书采用照片展示与文字叙述相结合的方式，介绍了设施种植西甜瓜主要病虫害鉴别与防治知识，内容涵盖了设施栽培西甜瓜中常见的17种（类）侵染性病害、11种（类）生理性病害、10种（类）虫（鼠、草）害和农药药害等四个方面，突出各种防治对象的识别和防治方法，直观性和实用性兼备，适用于广大农民朋友和基层技术人员参考使用。

本书是在编者多年生产实践积累的基础上编写而成，同时也参阅了有关文献著作，在此向原作者表示感谢。

由于设施环境复杂多变，西甜瓜病虫害种类繁多，编者积累的经验和资料有限，加上时间仓促，错误和不足之处在所难免，恳请有关专家、同行和读者批评指正。

编 者

2019年6月

目　录

1 立枯病

甜瓜苗期立枯病

西瓜苗期立枯病

病原及症状识别

立枯病病原菌为立枯丝核菌，属半知菌亚门真菌。立枯病多在苗床温度较高或育苗后期发生。播种染菌种子可引起烂种和烂芽。出苗后患病幼苗茎基部产生椭圆形暗褐色病斑，早期白天萎蔫，早晚恢复，病部逐渐凹陷、扩大绕茎一周，缢缩干枯，最后植株枯死。由于病苗大多直立而枯死，故称之为立枯。发病轻的幼苗仅在茎基部形成褐色病斑，幼苗生长不良，但不枯死。潮湿条件下病部常有淡褐色蛛丝网状霉。

传播途径和发病条件

病菌以菌丝体或菌核在土壤中越冬，通过土壤传播，可在土壤中营腐生生活3～4年。病菌在15℃左右的温度环境中繁殖较快，30℃以上繁殖受到抑制。土壤温度10℃左右不利瓜苗生长，易发病；高温、高湿条件易引起该病蔓延；种子带菌、育苗床感染是病害发生的重要原因。另外，苗床管理不善、通风不良、土壤过黏、播种过密、间苗不及时等也易诱发该病。重茬、使用未腐熟的粪肥，或肥料施用过量，或粪肥未过筛，导致粪块烧根也是此病发生的原因之一。地膜栽培定植后，定植孔封口不及时或封口不严，高温时产生的热气烫伤茎基部也易引起该病。

防治方法

1. 床土消毒。育苗床土应选用麦茬、豆茬或葱蒜茬作物5～25厘米表土，最好不用菜田土和荒山表土。按土、有机肥比例为2～3:1的比例配制育苗土，并在每立方米床土中加入50%辛硫磷乳油150毫升和95%敌磺钠可溶性粉剂100克消毒。药剂用5～8千克清水充分溶解后均匀喷入床土。敌磺钠见光易分解，拌入时要避免见光。拌匀后堆成尖堆，外盖一层塑料膜保存，堆置15天后方可使用；或每平方米床土用40%的拌种双、或50%多菌灵、58%甲霜灵可湿粉剂8克或40%的拌种双+50%多菌灵可湿粉剂两者各4克混合，加50千克过筛细土拌匀，播种时用药土将种子上覆下垫。

2. 加强苗床管理。出苗后选择温暖的晴天揭膜炼苗，通风换气，严格控制苗床温度。白天床温宜控制在20℃～30℃，夜间宜控制在12℃～15℃左右，防止高温高湿；浇水不宜过多；及时拔除病苗，集中销毁或深埋。

3. 种子处理。用种子重量0.2%的40%的拌种双可湿性粉剂拌种，也可用3.5%咯菌腈·精甲霜悬浮种衣剂拌种，每千克种子用药4～8毫升，兑水100毫升混匀后均匀拌种。

4. 药剂防治。出苗后如有零星发病应及时喷药防治。可用72.2%霜霉威盐酸盐水剂400～600倍液、50%多菌灵可湿性粉剂800倍液、30%苯醚甲·丙环乳油2000～3000倍液、20%氟酰胺可湿性粉剂600倍液+65%福美锌可湿性粉剂600倍液、20%灭锈胺悬浮剂800倍液+75%百菌清可湿性粉剂800倍液、50%腐霉利可湿性粉剂1500倍液+70%丙森锌可湿性粉剂600倍液、10%多抗霉素可湿性粉剂600倍液+75%百菌清可湿性粉剂800倍液、5%丙烯酸·恶霉·甲霜水剂1000倍液或20%二氯异氰脲酸钠可溶性粉剂600倍液，每隔7～10天喷施1次，连喷2～3次，即可取得理想的防治效果。也可在发病初期喷淋15%恶霉灵水剂1500～2000倍液或20%甲基立枯磷乳油1200倍液。

2 猝倒病

甜瓜苗期猝倒病

甜瓜苗期猝倒病

西瓜苗期猝倒病

西瓜苗床猝倒病发病症状

病原及症状识别

猝倒病病原菌主要为瓜果腐霉菌，属鞭毛菌亚门真菌。猝倒病是苗期毁灭性病害，从播种到整个幼苗期均可发病。种子萌芽后至幼苗未出土前受害，造成烂种烂芽；出土幼苗受害，茎基部产生水渍状黄褐色病斑，并逐渐缢缩呈线状，后很快倒伏，幼苗一拔就断，病害发展很快，几天后成片死亡。湿度大时病部密生白色绵毛霉状物。

传播途径及发病条件

病菌可在有机质含量高的土壤中或病残体上营腐生生活，并可存活多年，是猝倒病主要的初侵染源。病菌靠土壤中水分的流动、农具及带菌的堆肥等传播蔓延。一般在子叶期最易发病，特别是育苗设施内通风不良，阴、雨、雪天又不揭不透明覆盖物，幼苗养分消耗过多、生长弱或幼苗过于幼嫩时，更易发生猝倒病。苗床温度低、幼苗生长缓慢时，遇高湿时易发病。育苗期如遇寒流侵袭、放风不足也会加剧猝倒病的发生。

防治方法

1. 改善和改进育苗条件和方法，加强苗期温湿度管理，预防猝倒病的发生。选择地下水位低、排水良好的地块做苗床，施入的有机肥要充分腐熟，种子要消毒，苗床要平整，育苗期间创造良好的生长条件，增强幼苗的抗病能力。幼苗开始出土后加强通风换气，提温降湿，促进根系发育，增强幼苗抵抗力。苗床温度控制在20℃～30℃，地温保持在16℃以上。出苗后尽可能控水，必须浇水时宜选择晴天进行，忌大水漫灌。连阴雨天要让秧苗适当见光。有条件的可用基质穴盘育苗。

2. 床土消毒（参见西甜瓜立枯病防治方法）。

3. 种子处理。包衣种子干籽直播。未包衣种子可用35%的甲霜灵拌种剂按种子重量的0.2%用药量进行拌种，或3.5%咯菌腈·精甲霜悬浮种衣剂按种子重量的0.6%拌种。

4. 喷药防治。如未进行苗床土壤处理或出苗后发病的，可喷洒72.2%霜霉威盐酸盐水剂600倍液、52.5%恶唑菌酮·霜脲氰可湿性粉剂1500倍液、30%恶霉·甲霜水剂1500～2000倍液、50%烯酰吗啉可湿性粉剂1500倍液+75%百菌清可湿性粉剂600倍液、69%烯酰锰锌可湿性粉剂1000倍液、58%甲霜灵可湿性粉剂500倍液、75%百菌清可湿性粉剂600倍液或64%恶霜·锰锌可湿性粉剂500倍液，隔7～10天喷施1次，视病情防治1～2次。

3 灰霉病

甜瓜灰霉病叶片症状

甜瓜灰霉病叶片症状

甜瓜灰霉病叶片症状（病残花传染）

甜瓜灰霉病果实症状

甜瓜灰霉病叶片症状

西瓜灰霉病叶片症状

病原及症状识别

灰霉病病原菌为灰葡萄孢，属半知菌亚门真菌。瓜类幼苗期一般从较衰弱的子叶及真叶边缘或叶尖开始发病，病部初为水浸状，后逐渐变为淡褐至褐色，多为半圆形，病部往往具轮纹，受害叶片变软下垂。条件适宜时沿叶柄扩展到茎部，初为水浸状斑，后茎腐烂、变细，上生大量的灰色霉层，严重时引起成片的幼苗腐烂。

成株期发病，可为害地上部的各个部位。叶片被害时，多从叶尖及叶缘开始，初为水浸状，后颜色变淡，呈淡褐色，病斑扩展不受叶脉的限制，后期病部开裂，潮湿时病斑上生有淡灰色稀疏霉层。病菌向茎、蔓上扩展时，先形成小点再向四周扩展，使其凹陷腐烂，引起瓜蔓断枯，致病部以上枯死。

花器受害时从初花期即有发生，一般从残花侵入，花瓣及萼片处变软、萎缩腐烂，表面生霉，严重时整个花器死亡，并向其他的花上蔓延，引起落花。败落的残花落到果实、叶、茎、分杈、叶柄等处，也常引起这些部位发病。

灰霉也可通过败落的花瓣或柱头侵入，致瓜脐部变色腐烂，上生浓密的灰色霉层，并引起果肉的腐烂。

传播途径和发病条件

病菌主要以菌核在土壤中或以菌丝体及分生孢子在病残体上越冬，成为次年的初侵染源。病组织上产生分生孢子随气流、水流、农事操作等传播蔓延，形成再侵染。田间农事操作是传病途径之一。病果、病叶、残花不带出棚外或随意丢弃，最易使孢子飞散传播，使作物受害。该病对湿度要求很高，一般12月至翌年3月、气温20℃左右、相对湿度90%以上的高湿条件易发病。15℃以下低温持续的时间长时发病重。

防治方法

1. 生态防治。晴天上午使棚温迅速升高，20℃～25℃开始放顶风，31℃以上高温可以减缓孢子萌发速度，推迟产孢，降低产孢量。棚温降至20℃时关闭通风口，夜温保持在12℃～15℃以上。阴天也须通风换气。浇水必须在晴天上午进行，浇完闭棚升温，棚温35℃左右时再放风排湿。

2. 清洁棚室，摘除残花。及时摘除病果、病叶、病花，带出室外深埋，严禁随意丢弃，造成人为传播。瓜类花瓣凋谢后，可提前摘除。

3. 加强肥水管理。合理施肥，注意控制氮肥用量，适当增施有机肥和磷钾肥。浇水前一天喷药预防。

4. 若采用辅助授粉，可在喷花或蘸花保花保果的药液中加入0.2%的50%腐霉利可湿性粉剂、0.1%的50%异菌脲可湿性粉剂或0.2%～0.3%的65%甲霉灵可湿性粉剂，预防灰霉病的发生。

5. 药剂防治：

（1）喷雾法。发病初期叶喷50%多·乙霉威可湿性粉剂500倍液、25%咪鲜胺乳油2000～3000倍液、50%氯溴异氰脲酸水溶性粉剂1000倍液、10%苯醚甲环唑水分散粒剂1000倍液、40%嘧霉胺悬浮剂1000～1500倍液、50%异菌脲可湿性粉剂1000倍液、50%啶酰菌胺水分散粒剂2000倍液、42.8%氟菌·肟菌酯悬浮剂3000倍液、50%啶菌·乙霉威水剂1500倍液、38%唑醚·啶酰菌水分散粒剂1000倍液、25%啶菌恶唑乳油1500倍液、42.4%唑醚·氟酰胺悬浮剂2500倍液、50%嘧菌环胺水分散粒剂1000倍液或80%乙蒜素乳油2000倍液，也可用50%啶酰菌胺水分散粒剂1200倍液+40%菌核净可湿性粉剂1000倍液、62%嘧菌环胺·咯菌腈水分散粒剂1500～3000倍液，花前期重点喷施底部叶片及地面，花期重点喷施花和幼果，每隔7天交替使用1次，连续2～3次。瓜蔓发病时，可将药剂稀释后用胶泥调成糊状，涂抹在瓜蔓病斑上，能有效治疗瓜蔓发病。

（2）烟雾法或粉尘法。可选用10%腐霉利烟剂或45%百菌清烟剂200～250克/亩在傍晚闭棚后熏施，也可在阴天时熏烟。也可用5%百菌清粉尘剂、10%氟吗啉粉尘剂、10%杀霉灵粉尘剂1000克/亩进行防治。烟剂、粉尘剂应于傍晚密闭棚室后施用，第二天及时通风。

（3）在发病前用不易产生抗药性的生物源农药进行防治。可用0.5%小檗碱水剂300～400倍液、5%香芹酚水剂600～800倍液、3亿个/克哈茨木霉菌可湿性粉剂300～500倍液、100亿个/克枯草芽孢杆菌可湿性粉剂750～1000倍液或3%多抗霉素600～900倍液，每隔7天交替使用1次，连续2～3次。

4 白粉病

甜瓜白粉病叶面抗性斑

甜瓜白粉病叶背抗性斑

甜瓜白粉病叶片症状

甜瓜白粉病叶片症状

西瓜白粉病叶片症状

西瓜白粉病叶片症状

西瓜白粉病初期症状

西瓜白粉病叶柄症状

病原及症状识别

白粉病病原菌为单丝壳白粉菌和葫芦科白粉菌，属子囊菌亚门真菌。白粉病是温室瓜类上的主要病害之一。西甜瓜上主要为害叶片。初发生时叶片褪绿、黄化，在叶片上产生大小不等的圆形或不规则形白粉状霉斑，扩展后遍及整个叶面，致叶组织变黄干枯，严重的茎蔓、叶柄、瓜柄上也可长出白色粉状物（菌丝体和分生孢子），后期在霉斑上产生黄褐色至黑色小粒点（病菌闭囊壳）。

传播途径和发病条件

病菌主要以闭囊壳在病残体上越冬，翌年条件适宜时，放射出子囊孢子进行传播，进而产生无性孢子进行再侵染并扩散蔓延。气温16℃～25℃、空气相对湿度45%～75%时病势发展快。棚室内高温高湿、通风不良或光照不足时发病严重。田间湿度大，白粉病流行的速度加快，尤其当高温干旱与高温高湿交替出现、又有大量白粉菌源时很易流行。

防治方法

1. 物理防治。发病初期叶喷27%高脂膜乳剂80～100倍液，可防止病菌侵入，并造成缺氧条件使白粉菌死亡。一般间隔5～6天喷1次，连喷3～4次。

2. 及时摘去下部老叶、病叶，加强通风透光，降低湿度。

3. 生物防治。发病初期及时喷洒2%宁南霉素水剂600倍液、2%武夷菌素水剂500倍液、5%香芹酚水剂500倍液、2%农抗120水剂或2%武夷菌素（BO-10）水剂200倍液，间隔6～7天叶喷1次。

4. 化学防治。发病初期可叶喷30%丙环唑可湿性粉剂1500～2000倍液、40%多·硫悬浮剂500～600倍液、50%硫磺悬浮剂250～300倍液、40%氟硅唑乳油8000～10000倍液、12.5%腈菌唑乳油2000倍液、10%已唑醇乳油1000～1200倍液+70%甲基硫菌灵可湿性粉剂800～1000倍液、62.25%腈菌·锰锌可湿性粉剂600～800倍液、32.5%嘧菌酯悬浮剂1500倍液、43%戊唑醇悬浮剂6000倍液、12.5%烯唑醇可湿性粉剂2000倍液、360克/升戊唑醇·嘧菌酯悬浮剂2000～3000倍液、36%硝苯菌酯乳油1500倍液、25%乙嘧酚磺酸酯水乳剂1000～1500倍液、40%乙嘧酚·醚菌酯悬浮剂1000倍液、43%氟菌·肟菌酯悬浮剂5000～10000倍液、4%四氟醚唑水剂2000倍液+29%吡萘·嘧菌酯悬浮剂1500～2000倍液、56%嘧菌·百菌清悬浮剂1000倍液、2%春雷霉素水剂400倍液、4%嘧啶核苷类抗菌素水剂400倍液、6%氯苯嘧啶醇可湿性粉剂1500倍液、50%丙硫菌唑·戊唑醇悬浮剂10～12.5克/亩、66.8%丙森锌·缬霉威可湿性粉剂500～700倍液或42.4%氟唑菌酰胺·吡唑醚菌酯悬浮剂10～15克/亩等进行防治。也可用30%氟菌唑可湿性粉剂1500～2000倍液+75%百菌清可湿性粉剂800倍液或40%双胍三辛烷基苯磺酸盐可湿性粉剂3000倍液+75%百菌清可湿性粉剂500倍液喷进行喷雾，7～10天喷施1次，连续喷施2～3次，注意药剂间的轮换使用。技术要点是早预防，全面喷施，保证叶片正面、反面、叶柄、茎蔓等处均匀喷药，不可遗漏。重病温室在药剂防治前需适当摘除病叶。

5　褐斑(棒孢叶斑)病

甜瓜褐斑病叶背症状

甜瓜褐斑病叶面初发症状

甜瓜褐斑病叶背症状

甜瓜褐斑病叶面症状

甜瓜褐斑病初发期叶背症状

甜瓜褐斑病初发期叶背症状

西瓜褐斑病叶面症状

西瓜褐斑病叶背水浸状斑

西瓜褐斑病叶面症状

西瓜褐斑病叶背症状

病原及症状识别

褐斑病又叫棒孢叶斑病或靶斑病，是温室瓜菜的主要病害之一。病原菌为瓜棒孢霉，属半知菌亚门真菌，主要为害叶片。初发病时叶片出现水浸状病斑，渐变为点状黄色至褐色病斑，病斑周围叶色失绿。从背面观察，病、健部分界明显，有水浸状坏死圈，酷似细菌性叶斑。后随病情发展扩大呈圆形或近圆形的大型病斑，灰褐色至黑褐色，具明显的深浅相间的轮纹，中央有白色至灰白色的小斑点。潮湿时，病斑表面着生黑色霉状物（即病菌的分生孢子）；严重时病斑相互汇合，呈圆形或不规则形，导致叶片枯死。

传播途径和发病条件

病菌主要以种子带菌进行远距离传播。以分生孢子丛或菌丝体随病残体在土壤中越冬，通过气流、雨水和农事活动传播，进行初侵染。初侵染后的病斑所生成的分生孢子萌发产生芽管，从气孔、伤口或表皮直接侵入，潜育期5～7天。田园不洁、连茬种植、昼夜温差大、偏施氮肥、缺少微量元素硼时发病较重。棚室湿度过大、叶面结露、光照不足，有利于病菌的扩展与侵染。温度20℃～28℃、叶面结露时间长，发病快。一般温室中间先发病，之后向东西扩散；温室中后部及屋脊下发病重，前沿发病较轻。

防治方法

1. 选择抗病品种。不同品种对该病原敏感性差异较显著，应根据当地栽培习惯选用适宜的抗病品种。

2. 种子处理。播前进行温汤浸种，即用55℃温水浸种30分钟，或用种子量0.2%的福美双可湿性粉剂拌种。

3. 苗床处理。采用无病土育苗。育苗时苗床可用70%百·福可湿性粉剂8克/平方米加细土10～15千克均匀混合，上铺下垫(1/3在下，2/3在上)。

4. 加强栽培管理。合理调控棚室温度管理，注意放风排湿，改善通风透气性能；合理施肥，增施磷肥、钾肥，提高植株抗病力；田间发现病株及时摘除病叶，清除再生菌源。

5. 药剂防治。该病菌侵染成功率非常高，且发展极快，若超过3%的植株叶片发病后施药，防效差。做好预防、初发病时及早摘除病叶、及时施药是防治的关键。发病时选用32.5%苯甲·嘧菌酯悬浮剂1500倍液、75%百菌清可湿性粉剂+50%福美双混剂500倍液或43%氟菌·肟菌酯悬浮剂5000～10000倍液进行防治。发病初期也可选喷25%嘧菌酯悬浮剂1500倍液、10%多抗霉素可湿性粉剂1000倍液、70%代森锰锌可湿性粉剂800～1000倍液、25%咪鲜胺乳油750～1500倍液、70%乙蒜素乳油2000倍液、25%吡唑醚菌酯可湿性粉剂3000倍液、40%嘧霉胺悬浮剂800～1200倍液、12.5%腈菌唑乳油1000～1500倍液、560克/升嘧菌酯·百菌清悬浮剂1000倍液、60%唑醚·代森联水分散粒剂1500倍液、0.5%氨基寡糖素水剂400～600倍液、42.4%氟唑菌酰胺·吡唑醚菌酯悬浮剂10～15克/亩或35%苯甲·咪鲜胺水乳剂1500～2000倍液，间隔5～7天，连喷3～4次。发病重时可结合喷雾用45%百菌清烟雾剂250克/亩熏蒸。

6　甜瓜霜霉病

甜瓜霜霉病苗期子叶症状

甜瓜霜霉病初发症状

甜瓜霜霉病抗性病斑

甜瓜霜霉病抗性病斑

甜瓜霜霉病病叶

甜瓜霜霉病苗期症状

病原及症状识别

霜霉病病原菌为古巴假霜霉菌，属鞭毛菌亚门真菌。霜霉病是棚室甜瓜的主要病害之一，主要为害叶片。苗期染病，子叶上产生水渍状小斑点，后扩展成浅褐色病斑，湿度大时叶背面长出灰紫色霉层。成株染病，叶面上产生浅黄色病斑，沿叶脉扩展呈多角形，清晨叶面上有结露或吐水时，病斑呈水浸状，后期病斑变成浅褐色或黄褐色多角形斑。温度、湿度条件适合的情况下病情扩展迅速，病叶扩展或融合成大斑块，致叶片上卷或干枯。严重时下部叶片全部干枯，有时仅剩下生长点附近几片绿叶。一般情况下叶背上不出现霉层。

传播途径和发病条件

主要以土壤、病残体或种子上的卵孢子、或潜伏瓜苗内的菌丝体为初侵染源，在条件适宜时产生孢子囊，孢子囊借气流、雨水或田间操作传播进行再侵染。萌发时产生芽管或游动孢子，从瓜类叶片的气孔或表皮细胞间隙、伤口侵入。室内相对湿度高于85%时病部可产生大量孢子囊，条件适宜时经3～4天即可产生新病斑。病菌萌发和侵入对湿度条件要求高，叶片有水滴或水膜时病菌才能侵入。对温度适应较宽，15℃～24℃适宜发病。生产上浇水过多、湿度大、叶面结露时间长，有利于发病。

防治方法

1. 选用抗病、耐病品种，提高植株的抗病性。

2. 培育无病苗。采用营养钵或穴盘育苗，合理调节苗床温湿度。育苗和生产棚室要分开。苗期发现病株应立即拔除。定植时严格检查，防止带病苗进入棚室。移栽前要加强低温锻炼，培育壮苗，增强抗病力。

3. 加强棚室管理，创造植株生长发育最适宜的环境条件，保证植株健康生长。采用地膜覆盖高垄稀植栽培，降低栽植密度。大沟覆草，膜下暗灌，合理灌溉，适度控制灌溉量。

4. 生态防治。上午日出后使室温迅速提升至25℃～30℃，之后维持在33℃～34℃，通风降湿，湿度降至75%以下；下午温度下降到20℃～25℃，湿度降至70%左右；前半夜温度15℃～20℃，后半夜温度12℃～15℃。由于夜间不通风，湿度高，因此要在白天及时通风排湿，降低棚内空气湿度，使环境条件不利于霜霉病孢子囊的形成和萌发侵染。

5. 化学防治。最好在霜霉病发病前施药或在发病初期施药，才能起到良好的防治效果。优先选用烟雾法或粉尘法。

(1)烟雾法：发病初期的傍晚密闭棚室，用45%百菌清烟剂200克/亩，分别放在棚内4～5处，暗火点燃，次日清晨通风，隔7天熏1次。

(2)粉尘法：发病初期的傍晚，用喷粉器均匀喷撒5%春雷·王铜粉尘剂，每亩1千克，隔9～11天喷撒1次。

(3)常规叶面喷雾：可在初发病时喷施60%琥·乙磷铝可湿性粉剂500倍液、70%乙膦·锰锌可湿性粉剂500倍液、72.2%霜霉威盐酸盐水剂800～1000倍液、78%波尔·锰锌可湿性粉剂600倍液、3%多抗霉素可湿性粉剂600～900倍液、70%丙森锌可湿性粉剂500～700倍液或25%双炔酰菌胺悬浮剂1000倍液。发生中后期可喷施1.5%噻霉酮水乳剂600～800倍液、72%锰锌·霜脲可湿性粉剂700倍液、20%苯醚甲环唑微乳剂1500倍液、50%烯酰吗啉可湿性粉剂800倍液、69%烯酰锰锌可湿性粉剂500倍液、10%氟噻唑吡乙酮可分散油悬浮剂2000～4000倍液、687.5克/升氟菌·霜霉威悬浮剂600～800倍液、20%苯霜灵乳油350倍液、75%丙森锌·霜脲氰水分散粒剂1000～1200倍液、70%氟吗锰锌可湿性粉剂700倍液、60%吡唑醚菌酯·代森联水分散粒剂1000倍液、52.5%恶酮·霜脲氰水分散粒剂1000倍液、10%氰霜唑悬浮剂2000倍液、66.8%丙森锌·缬霉威可湿性粉剂500～700倍液、47%烯酰·唑嘧菌悬浮液1000～1500倍液或47%春雷·王铜可湿性粉剂800～1000倍液，亩喷药液60～70千克，隔7～10天交替轮换用药防治。

6. 冬季温度较低时候可喷施糖醋液(糖、醋、水的质量比为1:1:100)，也可以在喷施杀菌剂时加入少许白糖，能增强植株对霜霉病抗性。

7 疫病

甜瓜疫病苗期症状

甜瓜疫病苗期症状

甜瓜疫病苗期症状

西瓜疫病苗期症状

甜瓜疫病病蔓

西瓜疫病叶片症状

甜瓜疫病果实症状

甜瓜疫病果实症状

西瓜疫病植株田间症状

西瓜疫病植株剖面

西瓜疫病苗期症状

西瓜疫病茎蔓症状

西瓜疫病病茎

甜瓜疫病病株

西瓜疫病果实初期症状

西瓜疫病果实症状

病原及症状识别

疫病病原菌为甜瓜疫霉和寄生疫霉，属鞭毛菌亚门真菌。幼苗、成株均可发病，为害植株叶、茎及果实。苗期发病，子叶染病先呈水浸状暗绿色圆形斑，中央逐渐变成红褐色。幼苗茎基部受害，呈暗绿色水渍状软腐，病部缢缩，最后猝倒枯死。成株期发病，茎蔓部生水浸状暗绿色纺锤形凹陷斑，病部明显缢缩，病斑迅速扩展，天气潮湿时形成褐色软腐，患部以上叶片萎蔫青枯死亡，维管束不变色。叶片受害，初生暗绿色水浸状圆形或不规则病斑，迅速扩展为近圆形或不规则大型黄褐色病斑，湿度大时，腐烂或似水烫状，干后为淡褐色，易破碎。果实染病，形成暗绿色圆形水浸状凹陷斑，后迅速扩及全果，致果实腐烂，有腥臭味，潮湿时病斑凹陷腐烂长出一层稀疏的白色霉状物，干燥条件下产生白霜状霉层。

传播途径和发病条件

病菌以卵孢子、厚垣孢子和菌丝体随病残体在土壤或未腐熟的粪肥中越冬。卵孢子在土壤中能存活5年以上，厚垣孢子可存活数月，种子也能带菌。次年卵孢子和厚垣孢子通过雨水、灌溉水和土壤耕作传播，从气孔或直接穿透寄主表皮侵入，引起初侵染。发病植株上产生的孢子囊借风雨或农事活动传播，进行再侵染。病菌发育的最适温度为28℃～30℃，当平均气温在23℃时，田间瓜蔓开始发病，而相对湿度高于85%是病害流行的决定性因素。深冬茬甜瓜在10～11月份伸蔓期出现发病高峰期，开花授粉期发病逐渐有所减轻。苗床湿度大、定植时伤根、缓苗期延长、施肥过量引起烧根、土壤盐碱重、定植时灌药过量、秧苗长势弱以及根系欠发达等多种因素均能加重发病。

防治方法

提倡综合防治技术，以健身栽培为基础，辅以适当的药剂防治。

1.夏秋休闲季节采用日光能生物高温闷棚，预防发病。选5～7月高温时段温室休棚期，于上茬蔬菜收获后平整土地、浇底水，待土壤湿度适宜时撒播甘蓝型油菜（甘蓝型油菜较其他油菜产草量高），亩播量0.5～1千克。播后40～45天左右油菜始花时深翻或旋耕，深度25～40厘米。随后浇水，地面覆盖旧棚膜或地膜并压严四周。覆膜时接缝处须用土压实，以防薄膜收缩而漏气，影响升温。修补棚外薄膜和风口膜，要求内外薄膜不透风、不漏气。门口张挂保温棉帘，密闭棚室30天以上。如取材方便，也可直接选用夏菜废弃的甘蓝、花椰菜、芥菜等芸薹属植物的茎叶代替油菜做绿肥，用量须达到3.5千克/平方米以上。深翻或旋耕前亩施1～2立方米生鸡粪效果更佳。日光能生物高温闷棚原理是利用芸薹属植物腐解过程中产生的芥子气和闷棚时产生的高温（密闭时棚温可高达60℃以上、0～20厘米地温达55℃以上）熏杀棚内和土壤中的病菌和害虫，可有效防治土传病害和根结线虫，同时也可活化土壤中的磷元素，防虫、防病效果显著。值得注意的是，闷棚结束后须用大水泡地2遍，淋溶掉土壤中多余的盐分，以防下茬作物发生盐分障碍和锰中毒。

2.嫁接栽培。选用抗性砧木，实行嫁接栽培。

3.加强田间管理。采用地膜覆盖高垄栽培，垄高不低于25厘米。沟灌时水深达垄高2/3处即可，切不可淹垄。

4.加强生态管理。采用垄沟覆草、安装滴灌、后墙张挂反光幕等措施，适时放风，尽量降低棚内湿度。在湿度管理上，傍晚适时盖帘保温，上午及早放风排湿，尽量缩短叶面结露时间，以放风半小时内棚室雾气散尽为宜。

5.合理施肥。施入充足、腐熟的有机肥作基肥，适当控制氮肥，配施磷、钾肥，增施微肥，促使植株生长健壮，增强抗病力。

6.药剂灌根及涂抹。发病初期可用64%恶霜·锰锌可湿性粉剂500倍液、72%锰锌·霜脲可湿性粉剂800～1000倍液灌根，或同胶泥混合成糊状涂抹根颈部，可控制病害的发展。药剂要轮换交替使用，延缓抗性产生。

7.药剂防治。中心病株出现后及时叶喷60%琥·乙膦铝可湿性粉剂500倍液、70%乙膦·锰锌可湿性粉剂500倍液、72.2%霜霉威盐酸盐水剂800～1000倍液、78%波尔·锰锌可湿性粉剂600倍液、72%霜脲锰锌可湿性粉剂800倍液、56%代森锰锌水分散微颗粒剂800倍液、58%甲霜·锰锌可湿性粉剂600倍液、70%丙森锌可湿性粉剂500～700倍液或25%双炔酰菌胺悬浮剂1000倍液。发病中后期可喷施1.5%噻霉酮水乳剂800～1000、72%锰锌·霜脲可湿性粉剂700倍液、20%苯醚甲环唑微乳剂1500倍液、50%烯酰吗啉可湿性粉剂800倍液、69%烯酰锰锌可湿性粉剂500倍液、10%氟噻唑吡乙酮可分散油悬浮剂2000～4000倍液、50%吲唑磺菌胺水分散粒剂800～1000倍液、687.5克/升氟菌·霜霉威悬浮剂600～800倍液、75%丙森锌·霜脲氰水分散粒剂1000～1200倍液、70%氟吗锰锌可湿性粉剂700倍液、60%吡唑醚菌酯·代森联水分散粒剂1000倍液、35%烯酰吗啉·霜脲氰悬浮剂14～21克/亩、52.5%恶酮·霜脲氰水分散粒剂1000倍液、10%氰霜唑悬浮剂2000倍液、40.2%咪唑菌酮·霜霉威盐酸盐悬浮剂100～133克/亩、66.8%丙森·异丙菌胺可湿性粉剂600～800倍液、47%烯酰·唑嘧菌悬浮液1000～1500倍液、47%春雷·王铜可湿性粉剂800～1000倍液或12%松脂酸铜乳油600倍液。每隔10天左右喷施1次，视病情防治2～3次。

8　蔓枯病

甜瓜蔓枯病叶片症状

甜瓜蔓枯病叶片症状

甜瓜蔓枯病叶片、叶柄症状

甜瓜蔓枯病症状

甜瓜蔓枯病症状

甜瓜蔓枯病症状

甜瓜蔓枯病症状

甜瓜蔓枯病叶柄、叶片症状

甜瓜蔓枯病叶柄、叶片症状

西瓜蔓枯病茎蔓症状

甜瓜蔓枯病叶柄症状

甜瓜蔓枯病流胶症状

西瓜蔓枯病茎蔓症状

甜瓜蔓枯病瓜蔓症状

甜瓜蔓枯病症状

甜瓜蔓枯病茎蔓截面症状

甜瓜蔓枯病茎蔓截面症状

病原及症状识别

蔓枯病病原菌为甜瓜球腔菌，属子囊菌亚门真菌。无性世代称西瓜壳二孢，属半知菌亚门真菌，主要为害瓜类根颈、瓜蔓、叶和叶柄。植株发病最初多从根茎基部、分叉处出现淡黄色油渍状病斑，后期变褐，最后变黑、粗糙，上生很多小黑点，病茎有时纵裂，并分泌黄褐色胶状物，干燥后呈红褐色或黑色块状。瓜蔓上多从蔓节部发病，呈淡黄色油渍状，后向上向下蔓延，产生灰白色条纹，向上蔓延致整个瓜蔓发病，向下可扩展至根茎交界处。叶片上初产生近圆形或半圆形的病斑，或自叶缘向内呈“V”字形，随病情发展成片，叶上产生黑色的分生孢子器，后期有隐约轮纹。

传播途径和发病条件

病菌以分生孢子器在病残体和土壤中越冬。种子也可带菌。条件适宜时，病菌产生分生孢子借雨水和气流传播，或由种子带菌引起发病形成中心病株。高温高湿、通风不良、密度过大时发病严重。空气湿度高于85%、平均气温18℃～25℃适宜发病。种植过密、通风不良、缺肥或偏施氮肥以及浇水后长时间闭棚，容易诱发此病。连作或平畦种植亦有利于发病。

防治方法

1. 采用高垄栽培，严禁大水漫灌。加强通风，减少棚室内空气湿度，浇水时在膜下暗灌，切勿大水漫灌淹及茎基部，浇水后及时通风。

2. 合理密植，深冬茬宜采用吊蔓栽培。施用充分腐熟的有机肥，适当增施磷肥和钾肥，生长中后期注意适时追肥，避免脱肥。

3. 合理整枝。由于病菌主要由伤口侵入，因此整枝、打蔓须在晴天进行。忌在露水未干时整枝造成过多伤口。老叶、侧蔓要从基部掰除，避免留茬后病菌由伤口直接向主蔓侵染。

4. 整枝绑蔓结束时及时喷药，预防伤口染病。

5. 防治蔓枯病用药时需喷洒、灌根、涂茎相结合。发病初期喷洒40%氟硅唑乳油6000倍液、47%春雷·王铜可湿性粉剂600～800倍液、20%甲基立枯磷可湿性粉剂1000倍液、78%波尔·锰锌可湿性粉剂600倍液、70%代森锰锌可湿性粉剂600倍液、5%菌毒清水剂200倍液、50%啶酰菌胺水分散粒剂35毫升/亩、430克/升戊唑醇悬浮剂15克/亩、25%苯甲·溴菌腈可湿性粉剂1000倍液、22.5%啶氧菌酯悬浮剂7.5～15克/亩、35%苯甲·咪鲜胺水乳剂以1500～2000倍液、30%溴菌腈·咪鲜胺可湿性粉剂1000倍液、62.25%腈菌·锰锌可湿性粉剂600～800倍液、40%多·福·溴可湿性粉剂500倍液、10%苯醚甲环唑水分散粒剂2000倍液或30%丙环唑可湿性粉剂3000倍液，重点喷洒植株中下部。有条件的地方每亩可用5%百菌清粉尘剂或5%春雷·王铜粉尘剂1千克喷粉防治。

6. 茎蔓部感病后最为有效的方法是用50%咪鲜胺锰盐可湿性粉剂1000倍液或25%络氨铜水剂300倍液加胶泥调成浆糊状涂抹病茎部。

9 根腐病

西瓜根腐病症状

西瓜根腐病症状

西瓜根腐病植株症状

甜瓜根腐病症状

甜瓜根腐病症状

病原及症状识别

根腐病病原菌为腐皮镰孢菌，属半知菌亚门真菌。植株初发病时，叶片白天表现萎蔫，早晚尚可恢复，几日后，叶片青枯变黄，整株死亡。检查根部或根颈部，表皮呈褐色腐烂，容易剥开，木质部外露。剖开茎基部，维管束也变成褐色腐烂，湿度大时病部可长出白色至粉红色霉层。本病与枯萎病的不同点是：维管束变褐只限于腐烂部分，不再向上发展。

传播途径和发病条件

以菌丝体、厚垣孢子或菌核在土壤中及病残体上越冬。厚垣孢子可在土中存活5～6年或长达10年，成为主要侵染源。病菌从根部伤口侵入，后在病部产生分生孢子，借雨水或灌溉水传播蔓延，进行再侵染。高温、高湿有利于其发病，连作地、低洼地、黏土地、盐碱地、浇水口以及长期积水的地方发病重。

防治方法

1. 合理轮作换茬。与大白菜、甘蓝、大蒜、大葱等作物实行5年以上的轮作换茬，是减轻或杜绝根腐病发生的重要栽培措施。

2. 土壤处理。定植前用多菌灵等广谱性药剂进行土壤处理，或用日光能生物高温闷棚消毒土壤，预防发病（具体方法参见西甜瓜疫病）。

3. 种子处理。用3.5%咯菌·精甲霜悬浮种衣剂按种子重量的0.3%拌种，晾干后播种。

4. 科学管理。保护地土地要平整；浇水时要适时，忌大水漫灌；有条件的可进行滴灌，保持土壤半干半湿状态；及时增施磷钾肥。根腐病发病时，白天注意降温、晚上保温，并在根系周围扒开塑料膜和表土晾根、晒根，以减轻根腐病的发生；采用高垄栽培，既有利于提早封垄，又有利于增温透光和田间管理；加强对棚内温湿度和地温管理，温度升高后及时放风排湿，地温低时及时松土保温。

5. 做好发病田的隔离。对于一些新生产区，根腐病发病率低或基本没有发病，造成的损失也不大。如果发现一株或少数几株被确认为根腐病，应及时采用隔离病区的办法，控制根腐病的蔓延。及时拔除发现的病株，带出棚外深埋，并在病株处周围撒上石灰消毒。

6. 药剂灌根。定植时选用15%恶霉灵水剂2000倍液浸根10～15分钟，防治效果较好。定植缓苗后，可用6.25%精甲·咯菌腈悬浮种衣剂1500倍液、20%乙酸铜可湿性粉剂800倍液、30%噻苯氰乳油1000～1200倍液、15%混铜多菌灵悬浮剂200～400倍液、0.5%氨基寡糖素水剂400～600倍液、25.9%络氨铜锌水剂400～600倍液等，每株200～250毫升灌根。

10　枯萎病

甜瓜枯萎病

甜瓜枯萎病

西瓜枯萎病

甜瓜枯萎病茎基部树脂状物

西瓜枯萎病植株症状

西瓜枯萎病植株症状

病原及症状识别

枯萎病病原菌为尖镰孢菌，属半知菌亚门真菌。各个生育期均可发生，以结果期发病最重。地上部整株萎蔫枯死，近地面的茎基部出现暗绿色水渍状凹陷斑，后变黄至棕黄色，最后呈黑褐色，有时病部分泌出黄褐色树脂状物，湿度大时长有粉红色霉状物。根部发病，根系变褐腐朽，纵剖根茎部可见维管束呈系统性变褐。

传播途径和发病条件

病菌主要以菌丝、菌核在未腐熟的有机肥或土壤中越冬，在土壤中可存活6～10年。病菌可通过种子、肥料、土壤、浇水进行传播，以堆肥、沤肥传播为主要途径。发病适宜温度25℃～30℃。地温低于23℃或高于34℃发病轻。土壤含水量高、湿度大时发病重；日照少、降雨量大及土壤黏重、地势低洼、排水不良、管理粗放有利于发病。氮肥过量、磷钾不足、施用未充分腐熟的带菌有机肥或土壤中含盐量高、地下害虫为害重均易诱发枯萎病。

防治方法

1. 嫁接防病。用南瓜、葫芦、野生西瓜做砧木进行嫁接，有良好的防效。

2. 种子处理。用2.5%咯菌腈悬浮剂按种子重量0.6%～0.8%拌种，晾干后播种。也可用0.1%高锰酸钾浸种20～30分钟，水洗2～3次。

3. 苗床及土壤处理。用50%多菌灵可湿性粉剂1千克加细土200千克，撒入苗床或定植穴中。也可用日光能生物高温闷棚进行土壤消毒，预防发病（参见西甜瓜疫病防治方法）。

4. 增施钾肥、微肥和有机肥料，减少速效氮肥使用量，防止瓜秧旺长，提高植株抗病性。

5. 药剂灌根（参见西甜瓜根腐病防治方法）。

11　炭疽病

甜瓜炭疽病叶面病斑

甜瓜穴盘苗炭疽病症状

甜瓜炭疽病叶片症状

西瓜穴盘苗炭疽病症状

西瓜炭疽病叶片症状

西瓜炭疽病茎蔓症状

西瓜炭疽病果面病斑

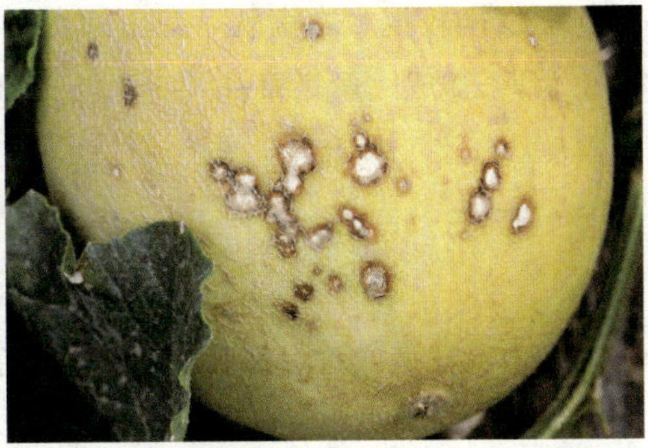

甜瓜炭疽病果实症状

病原及症状识别

炭疽病病原菌为葫芦科刺盘孢，属半知菌亚门真菌，主要为害叶片，也可为害茎蔓、叶柄和果实。西瓜幼苗受害，子叶边缘出现圆形或半圆形褐色或黑褐色病斑，外围常有黑褐色晕圈，其病斑上常散生黑色小粒点或淡红色黏状物。近地面茎部受害，其茎基部变成黑褐色且缢缩变细猝倒。瓜蔓或叶柄染病，初为水浸状黄褐色长圆形斑点，稍凹陷，后变黑褐色，病斑环绕茎一周后，全株枯死。成株期叶片染病，初为圆形或不规则形水渍状斑点，有时出现轮纹，干燥时病斑易破碎穿孔。潮湿时病斑上产生粉红色黏稠物。果实染病初为水浸状凹陷形褐色圆斑或长圆形斑，常龟裂，湿度大时斑上产生粉红色黏状物。甜瓜在叶上形成近圆形黄褐至红褐色坏死斑，边缘有时有晕圈，幼茎基部常现水浸状坏死斑。成株期染病，叶片病斑因品种不同而呈近圆形至不规则形，黄褐色，边缘水浸状，有时亦有晕圈，后期病斑易破裂。茎和叶柄染病，病斑椭圆至长圆形，稍凹陷，浅黄褐色。果实染病，病部凹陷开裂，后期产生粉红色黏稠物。

传播途径和发病条件

病菌以菌丝体和分生孢子盘随病残体遗落在土壤中越冬，以分生孢子盘产生的分生孢子作为初侵染与再侵接种体，依靠雨水溅射传播侵染。病菌也可以菌丝体在种子上越冬，带菌种子可引起苗期发病。气温22℃～27℃、相对湿度85%～95%适于发病，10℃以下、30℃以上病斑停止生长。连作地，地势低洼，或偏施、过施氮肥发病较重。本病既可在田间发生，也可在采收后果实贮运销售过程中继续发生为害，造成大量烂果，往往损失比田间发病时更大。

防治方法

1.选育抗病或耐病品种。根据当地的气候环境和土壤环境选择适合当地种植的抗病品种。

2.种子消毒。播种前应将种子进行消毒处理，用50℃～55℃的温水将种子浸泡20～30分钟，或用40%甲醛100倍液浸种20～30分钟，水洗2～3次，再催芽播种。

3.土壤消毒。定植时，用50%福·福锌可湿性粉剂或50%敌菌灵可湿性粉剂，按3～5千克/亩的量，与40千克细干土拌匀，沟施或穴施，进行土壤灭菌。也可用日光能生物高温闷棚消毒土壤，预防发病。

4.与非瓜类作物进行3年以上轮作，及时清除棚内杂草、病株，保持清洁，加强田间管理，严格控制温度和湿度。

5.加强肥水管理。适当增施磷钾肥，促使植株长势健壮，提高植株的抗病力。灌水根据天气情况而定，避免大水漫灌，避免阴雨天灌水。

6.药剂防治。发病时选用25%溴菌腈可湿性粉剂500倍液、25%咪鲜胺乳油1000倍液、80%福·福锌可湿性粉剂800倍液、10%苯醚甲环唑水分散粒剂1000倍液、20%氟硅唑·咪鲜胺水乳剂1000～1200倍液、78%波尔·锰锌可湿性粉剂600倍液、50%啶酰菌胺水分散粒剂2000倍液、70%甲基硫菌灵可湿性粉剂800～1000倍液、430克/升戊唑醇悬浮剂15克/亩、75%丙森锌·甲基硫菌灵可湿性粉剂500倍液、25%苯甲·溴菌腈可湿性粉剂1000倍液、30%溴菌腈·咪鲜胺可湿性粉剂1000倍液、62.25%腈菌·锰锌可湿性粉剂600～800倍液、32.5%苯甲·嘧菌酯悬浮剂1500倍液、75%戊唑醇·肟菌酯水分散粒剂1500～2000倍液、50%咪鲜胺锰盐可湿性粉剂1000～2000倍液、25%吡唑醚菌酯乳油2000～4000倍液、50%异菌脲可湿性粉剂800倍液、1.8%辛菌胺乙酸盐水剂800倍液、35%苯甲·咪鲜胺水乳剂1500～2000倍液或30%丙环唑可湿性粉剂3000倍液喷雾，每隔7天喷药1次，连喷3～4次，轮番替换用药。也可用45%百菌清烟剂250克/亩，隔9～11天防治一次效果比较好。

12 链格孢叶枯病

西瓜叶枯病苗期症状

西瓜叶枯病叶面症状

西瓜叶枯病叶背症状

西瓜叶枯病症状

西瓜叶枯病田间症状

病原及症状识别

叶枯病病原菌为瓜链格孢，属半知菌亚门真菌。叶枯病主要为害叶片，亦可为害茎蔓和果实。西瓜幼苗子叶受害初期多在叶缘生水渍状小点，后扩大成褐色水渍状圆形或半圆形病斑，在高湿条件下，可为害整个子叶，使之枯萎。真叶受害，多发生在叶缘或叶脉间，初为水渍状小点，在潮湿条件下迅速合并渗透，使叶片失水青枯。在高温干燥天气条件下，则形成直径2～3毫米的圆形褐斑，天气潮湿时，可合并成大褐斑，病斑变薄，严重时引起叶枯。茎蔓受害，产生椭圆形或梭形、微凹陷的浅褐色斑。果实受害，初见水渍状小斑，后变为圆形、凹陷、暗褐色斑，严重时引起果实腐烂。潮湿时各受害部位均可生出黑色霉状物。

本病在甜瓜坐瓜后期出现。发病初叶片上产生褪绿色小黄点，后扩展成圆形至椭圆形褐色病斑，中央灰白色，边缘深褐色至紫褐色，微隆起，外缘油渍状。后期中部有稀疏霉层。病斑大小约0.1～0.2毫米，病叶上斑点数目很多，严重时叶片卷曲、枯死，病株呈红褐色。果实受害，果面上出现圆形褐色的凹陷斑，常有裂纹，病原可逐渐侵入果肉，造成果实腐烂。

传播途径和发病条件

带菌的种子和病残体是该病主要初侵染源。生长期间病部产生的分生孢子通过风雨传播，进行多次重复再侵染，致田间病害不断扩大蔓延。该菌对温度要求不严格，气温14℃～36℃、相对湿度高于80%均可发病，连阴天多、浇水量大，相对湿度高于90%易流行或大发生；风雨利于病菌传播，致该病普遍发生；连作地、偏施或重施氮肥及土壤瘠薄、植株抗病力弱发病重。连续天晴、日照时间长，对该病有抑制作用。

防治方法

1. 选择抗病品种。品种间抗病性有差异，生产上应根据当地的栽培条件和习惯加以选择。

2. 种子处理。播种前在阳光下适当晒种，晒后用0.1%高锰酸钾浸种10～15分钟（甜瓜8～10分钟），或40%甲醛100倍液浸泡20～30分钟，浸种后用水清洗2～3遍后催芽播种。

3. 加强田间管理。采用高垄覆膜栽培技术，防止大水漫灌，天气炎热时应在早晨或傍晚浇水。增施充分腐熟的有机肥和磷钾肥，切忌过量施用氮肥。坐瓜期叶面喷施磷酸二氢钾或各类微肥，提高植株抗病性。

4. 药剂防治。结瓜期在浇水前可用60%琥·乙膦铝可湿性粉剂500倍液或78%波尔·锰锌可湿性粉剂600倍液预防。发病初期可选10%苯醚甲环唑水分散粒剂1000倍液、40%氟硅唑乳油7000倍液、50%氯溴异氰脲酸可溶性粉剂1000倍、70%丙森锌可湿性粉剂500～700倍液、50%异菌脲悬浮剂1500倍液、25%吡唑醚菌酯乳油2000～4000倍液、32.5%苯甲·嘧菌酯1500悬浮剂倍液、12%苯甲·氟酰胺悬浮剂1200倍液、50%福美双·异菌脲可湿性粉剂800～1000倍液、75%肟菌·戊唑醇水分散粒剂2000～3500倍液、62.25%腈菌·锰锌可湿性粉剂剂600～800倍液、75%丙森锌·甲基硫菌灵可湿性粉剂500倍液、20%唑菌胺酯水分散粒剂1500倍液、10%氟嘧菌酯乳油1500～3000倍液+2%春雷霉素水剂300～500倍液、10%苯醚甲环唑水分散粒剂1500倍液+75%百菌清可湿性粉剂600倍液、80%乙蒜素乳油2000倍液、3%多抗霉素水剂600～900倍液或0.5%檗·酮·苦参碱水剂1000倍液，隔6～8天喷施1次，连喷3～5次。注意不同类型药剂交替轮换使用，防止病原菌抗药性的发生。

13 甜瓜红粉病

甜瓜红粉病叶片症状

甜瓜红粉病果实症状

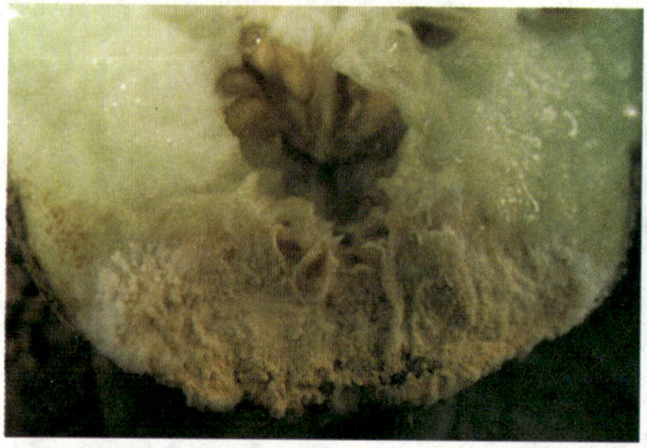
甜瓜红粉病果实症状

甜瓜红粉病果实症状

甜瓜红粉病果实症状

甜瓜红粉病果实症状

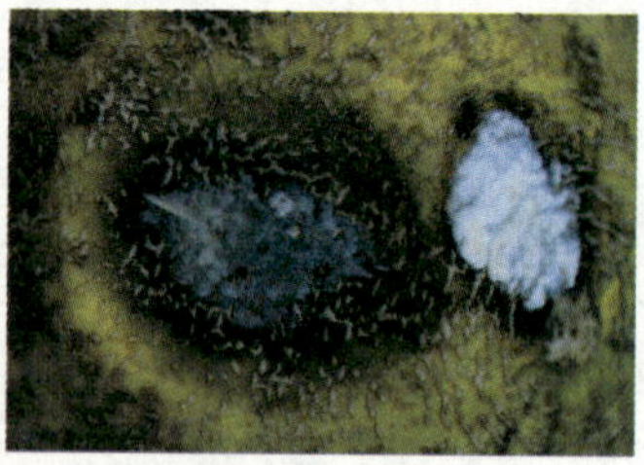
甜瓜红粉病果实症状

甜瓜红粉病果实症状

甜瓜红粉病果实症状

甜瓜果实表面红粉霉层

甜瓜红粉病果实症状

病原及症状识别

红粉病病原菌为粉红单端孢霉，属半知菌亚门真菌。此病主要为害果实，严重时亦侵染叶片、叶柄和茎蔓。果实染病，多从果实表皮裂口处开始侵染，初期在病部产生灰白色菌丝团，逐渐扩大形成灰白色至粉白色霉层，即病菌菌丝、分生孢子梗和分生孢子。随病害发展，病部软化腐烂。湿度高时，叶片、叶柄和茎蔓亦可受侵染，在叶片上产生初为暗绿色圆形至近圆形后为不规则形浅黄褐色坏死斑，病斑大小差异较大，边缘呈水渍状，易破裂穿孔，长时间高湿可在病斑上产生稀疏浅橙色霉状物，即病菌分生孢子梗和分生孢子。叶柄和茎蔓染病后软化腐烂，在病部产生灰白色至粉白色霉状物。

传播途径和发病条件

病菌以菌丝体随病残体遗留在土壤中越冬。条件适宜时产生分生孢子，通过气流或雨水传播到植物组织表面，多由伤口侵入。发病后病部产生大量分生孢子，借风雨或浇水传播蔓延，进行重复侵染。温暖潮湿有利于发病。病菌发育适宜温度25℃~30℃，适宜相对湿度85%以上。甜瓜生长期阴天较多、光照不足，或温棚内高温、潮湿，植株长势衰弱容易发病。

防治方法

1. 选择适宜的品种，尽量避免种植网纹型感病品种。

2. 增施有机底肥，掌握适宜的种植密度，适当控制钾肥、增施钙肥。

3. 加强田间管理，适时浇水追肥，减少生理伤口。浇水后增加通风量，降低空气湿度。

4. 做好害虫防治，田间操作时防止出现机械损伤，及时清除中下部老黄病叶，改善通风透光条件。整枝、绑蔓后及时喷药预防。

5. 采收后彻底清除病残植株，减少田间菌源。田间出现病瓜、病叶及时摘除，集中妥善处理。

6. 发病初期进行药剂防治。可选用70%甲基硫菌灵可湿性粉剂600~800倍液、50%异菌脲可湿性粉剂1200倍液、65%甲硫·乙霉威可湿性粉剂1000~1500倍液、75%丙森锌·甲基硫菌灵可湿性粉剂500倍液、25%苯甲·溴菌腈可湿性粉剂1000倍液、80%代森锰锌可湿性粉剂800倍液或25%溴菌腈可湿性粉剂600倍液喷雾防治。保护地可选用5%百菌清粉尘剂或5%春雷·王铜粉尘剂1000克/亩喷粉防治。

14 煤污病

甜瓜煤污病叶片症状

甜瓜煤污病叶片症状

西瓜煤污病叶片和茎秆症状

西瓜煤污病叶片症状

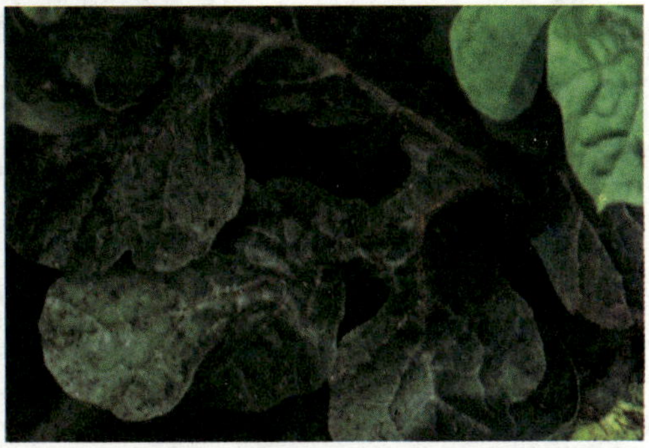

西瓜煤污病叶片症状

病原及症状识别

煤污病病原菌主要为煤污假尾孢，属半知菌亚门真菌。该病主要为害叶片。叶片染病后在叶面初生灰黑色至炭黑色霉污菌菌落，形成的煤烟状物布满叶面，严重时茎蔓、叶柄和果面也布满黑色霉斑，不仅影响光合作用，也污染果品，致使果实的商品性降低。

传播途径和发病条件

煤污菌以大量菌丝和分生孢子在土壤内及植物残体，或大棚骨架、覆盖物、墙体等表面越冬，条件适宜时产生分生孢子，分生孢子借风雨、气流及蚜虫、粉虱、蓟马等害虫传播蔓延。种植密度大，棚室荫蔽、湿度大、通风条件差，特别是在虫害发生重、防治不及时的情况下，蚜虫、粉虱尸体及分泌物遍布植株易引发该病流行。偏施氮肥，植株生长过嫩、过旺也易发病，肥力不足、耕作粗放、杂草从生的田块发病重。此外，育苗用的营养土带菌或有机肥没有充分腐熟带菌，都易诱发该病。

防治方法

1. 播种移栽前或收获后，及时清除田间及四周杂草，集中深埋；收获后及时翻地灭茬，促使病残体分解，减少病原和虫源。

2. 选用抗病品种，选用无病、包衣的种子。

3. 采用高垄稀植栽培，滴灌或膜下沟灌技术，防止大水漫灌；深冬季及时放风，降低棚内湿度。

4. 深冬季在后墙张挂反光膜，改善棚室内的光照条件。

5. 土壤病菌多或害虫严重的田块，播前或移栽前进行熏蒸处理以杀菌灭虫。生育期及时防虫，防止蚜虫、粉虱暴发造成棚内污染。

6. 施用酵素菌沤制的堆肥或腐熟的有机肥，不用带菌肥料，适当增施磷钾肥，加强田间管理，培育壮苗，增强植株抗病力。

7. 药剂防治。可用10%苯醚甲环唑水分散粒剂1500倍液、40%氟硅唑7000倍液、12.5%腈菌唑乳油1500倍液、62.25%腈菌唑·代森锰锌可湿性粉剂1000倍液、25%嘧菌脂悬浮剂1000～1200倍液、65%甲霉灵可湿性粉剂1500～2000倍液、50%异菌脲可湿性粉剂1000～1500倍液或47%春雷·王铜可湿性粉剂800～1000倍液，隔7天左右喷雾防治1次，视病情防治1次或2次，也可用45%百菌清烟剂300克/亩晚上熏蒸。

15 细菌性腐烂病

甜瓜细菌性腐烂病叶片症状

甜瓜细菌性腐烂病瓜蔓症状

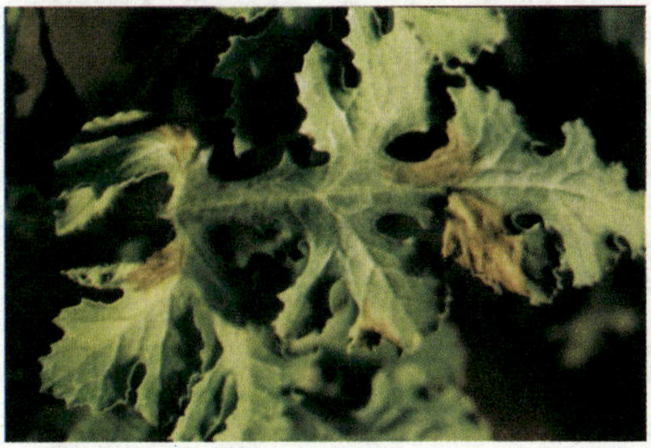

西瓜细菌性腐烂病叶片症状

甜瓜细菌性腐烂病果实涂药

病原及症状识别

细菌性腐烂病病原菌为胡萝卜软腐欧氏杆菌胡萝卜软腐致病变种，属革兰氏阴性细菌，主要为害瓜蔓、叶柄、果柄以及叶片，也会为害果实。瓜蔓染病多始于伤口，最初产生绕茎一周的水渍状深绿色病斑，稍凹陷，病部发软，有菌脓流出，逐渐变为褐色。然后病部向内腐烂，散发出恶臭味，最后致病部以上萎蔫枯死。横切茎部，发现维管束变褐色。叶片发病，叶面上产生不规则形水渍状深绿色病斑，病部发软、腐烂，病斑薄、易破裂。发病严重时，果实也发病，病部初现水渍状病斑，扩大后稍凹陷，病部发软，逐渐转为褐色，病斑周围有水浸状晕环，从病部向内腐烂，散发出恶臭味。

传播途径和发病条件

病菌随病残体在土壤中越冬，翌年借雨水、灌溉水及昆虫传播，由伤口侵入。阴雨天或露水未干时整枝打杈或虫伤多时发病严重。温室中高密栽培、放风排湿不及时、遇有连阴天气棚内湿度大时发病重。

防治方法

1. 整枝打杈要选在晴天上午进行，以便伤口及时愈合，作业完后立即喷药预防。

2. 降低湿度。采用地膜覆盖高垄栽培膜下暗灌技术，合理密植；控制浇水量；秧苗70～90厘米高时，大沟覆草，后墙张挂反光膜；加强温湿度管理，及时放风排湿。

3. 清洁田园，及时清除病残体，带出棚室外深埋。

4. 药剂防治。发病初期喷施14%络氨铜水剂300倍液、77%氢氧化铜可湿性微粒粉剂500倍液、47%春雷·王铜可湿性粉剂800倍液、50%氯溴异氰脲酸可溶性粉剂1000～1200倍液、34%松脂酸铜乳油500倍液、27%碱式硫酸铜悬浮剂400倍液、20%噻菌铜或20%噻唑锌悬浮剂500倍液、33.5%喹啉铜悬浮剂500～750倍液、80%乙蒜素乳油800～1000倍液、3%中生菌素可湿性粉剂750倍液、10亿芽孢/克多黏类芽孢杆菌微粒剂1500倍液或3%多抗霉素水剂800倍液喷雾。铜制剂施用次数不能超过3次，以免引起药害。一般隔7～10天1次，连续防治2～3次。收获前4天停止用药。瓜蒌主蔓或果实上发病可用上述药剂与胶泥混合成糊状后涂抹发病部位。

16　细菌性果斑病

甜瓜细菌性果斑病叶面症状

甜瓜细菌性果斑病叶背症状

甜瓜细菌性果斑病叶片初期症状

甜瓜细菌性果斑病叶片后期症状

西瓜叶片染病初期症状

西瓜叶片染病后期症状

薄皮甜瓜果实染病症状

薄皮甜瓜果实染病症状

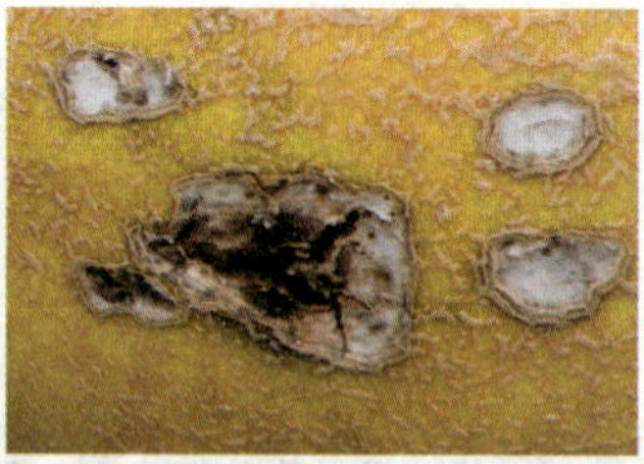

甜瓜细菌性果斑病果实症状

甜瓜细菌性果斑病果实症状

西瓜细菌性果斑病果实症状

病原及症状识别

细菌性果斑病病原菌为燕麦嗜酸菌属西瓜亚种，属革兰氏阴性菌，可侵染子叶、真叶和果实，引起叶枯和瓜腐。瓜类幼苗感病，子叶的叶尖和叶缘先发病，出现水浸状小斑点，并逐渐向子叶基部扩展形成条形或不规则形暗绿色水浸状病斑。真叶上病斑呈圆形或多角形，暗褐色，周围有黄色晕圈，病斑通常沿叶脉发展。发病严重时，整株幼苗坏死。植株生长中期，叶片病斑多为浅褐色至深褐色，圆形至多角形，周围有黄色晕圈，沿叶脉分布，后期病斑中间变薄，病斑干枯，严重时多个病斑连在一起。有时病原菌自叶片边缘侵入，可形成“V”字形病斑，通常不导致落叶。田间湿度大时病斑背面可溢出白色菌脓，叶基沿叶脉可见水浸状斑点。茎基部发病初期呈水浸状并伴有开裂现象。果实发病，首先在表皮上出现水浸状墨绿色斑点，初期较小，随后迅速扩展，形成边缘不规则的深绿色水浸状病斑。随后这些病斑扩展并覆盖整个果实表面，发病初期病变只局限在果皮，果肉组织仍然正常，后期病斑中央变成褐色并开裂，瓜面上常见到白色的菌脓。有的品种病菌侵入果肉组织造成水浸状、褐腐或木栓化，病斑老化后表皮龟裂，常常溢出黏稠、透明的琥珀色菌脓。中后期条件适宜时，病菌常随同腐生菌蔓延到果肉，使果肉腐烂，严重影响产量。

传播途径和发病条件

果斑病菌主要在种子和土壤中的病残体上越冬，成为来年的初侵染源。田间的自生瓜苗，野生南瓜等也是该病菌的宿主及初侵染源。病菌主要通过伤口和气孔侵染。病害的远距离传播靠带菌种子，种子表面和种胚均可带菌。带菌种子萌发后病菌即侵染子叶，引起幼苗发病。病斑上的菌脓借雨水、风、昆虫及农事操作等途径传播，形成多次侵染。高温、高湿的环境易发病，特别是炎热季节伴有暴风雨的条件下，有利于病菌的繁殖与传播，病害发生重。

防治方法

1. 选择无果斑病发生的地区作为制种基地，并采取严格隔离措施，以防止病原菌感染种子。

2. 果斑病为检疫性病害，如果发现疑似症状，应立即报告当地植物检疫机构，以便及时采取措施，有效控制病害的扩散蔓延。

3. 选用耐病品种，选用无病土育苗。与非瓜类作物实行3年以上轮作。

4. 做好种子消毒。可用1%盐酸漂洗种子15分钟，或15%过氧乙酸200倍液处理30分钟，或40%福尔马林100倍液浸种30分钟，或30%双氧水100倍液浸种30分钟，冲洗干净后催芽播种。

5. 做好土壤消毒。定植前清除棚内杂草和病残体，深翻晒地；先对棚内进行消毒，移栽时用30%琥胶肥酸铜可湿性粉剂600倍液浇穴或灌根。发现病株立即拔除并带出棚外深埋。

6. 高垄栽培、合理浇水，防止大水漫灌，注意通风排湿，缩短植株表面结露时间，在露水干后进行农事操作，及时防治棚室害虫。

7. 药剂防治。西甜瓜开花时，每10～15天喷洒1次百菌清或阿米西达混配中生菌素或宁南霉素，预防病害的发生。发生病害时，可选用14%络氨铜水剂300倍液、77%氢氧化铜可湿性微粒粉剂500倍液、47%春雷·王铜可湿性粉剂800倍液、78%波·锰锌（科博）可湿性粉剂600倍液、50%氯溴异氰脲酸可溶性粉剂1000～1200倍液、33.5%喹啉铜悬浮剂500～750倍液、27%碱式硫酸铜悬浮剂400倍液、20%噻菌铜悬浮剂500倍液、20%噻唑锌悬浮剂500倍液、1.8%辛菌胺醋酸盐水剂500倍液、80%乙蒜素乳油800～1000倍液、0.3%四霉素（梧宁霉素）水剂800～1000倍、3%中生菌素可湿性粉剂750倍液、10亿芽孢/克多黏芽孢杆菌可湿性粉剂1500倍液、3%多抗霉素水剂800倍液喷雾。一般隔7～10天1次，连续防治2～3次。收获前4天停止用药。铜制剂使用过多易引起药害，选药时应注意轮换交替。

17　病毒病和类菌原体

甜瓜病毒病花叶型症状

甜瓜病毒病花叶型症状

甜瓜病毒病皱缩型症状

西瓜病毒病皱缩型症状

甜瓜病毒病花叶型症状

甜瓜扁茎症状

甜瓜病毒病果实症状

甜瓜扁茎症状

甜瓜扁茎症状

症状识别

甜瓜病毒病的病原主要有西瓜花叶病毒2号(WMV-2)、甜瓜花叶病毒(MMV)、黄瓜花叶病毒(CMV)、黄瓜绿斑花叶病毒(CGMMV)、南瓜花叶病毒(SqMV)、哈密瓜坏死病毒(HmNV)等,单独或多种病毒复合侵染发病。西瓜以前三种病毒感染为主。西甜瓜病毒病在田间主要表现为花叶型、蕨叶型和坏死型三种症状。

花叶型:初期顶部叶片出现黄绿镶嵌花纹,以后变为皱缩畸形,叶片变小,叶面凹凸不平,或明脉,新生茎蔓节间缩短,纤细扭曲,坐果少或不坐果。

蕨叶型:新生叶片变为狭长,皱缩扭曲,生长缓慢,植株矮化,有时顶部表现簇生不长,花器发育不良,严重的不能坐果。发病较晚的病株,果实发育不良,形成畸形瓜,也有的果面凹凸不平,果小,瓜瓤暗褐色,对产量和品质影响很大。

坏死型:叶片上产生系统的不规则的坏死褪绿斑点和条斑,甜瓜瓜面斑驳或凹凸不平,或疣状突起,风味差,味苦,严重时植株矮化。

另外,在瓜类上还有一种症状表现,即由类菌原体引起的扁茎。

传播途径和发病条件

病毒的传播主要有三种途径:一是种子带毒;二是汁液摩擦传毒,整枝、打杈、摘心等农事活动中将病株汁液传给无病植株;三是昆虫传染,以蚜虫传毒率最高。

高温、干旱、日照强的条件下,病害发生严重;杂草多、附近有茄科、十字花科等寄主作物时发病较重;此外,夏秋高温季节栽培或育苗以及虫害控制不好时发病重。

防治方法

1. 选用抗病品种。根据当地主要病毒类型,选择种植多抗品种。

2. 种子处理。无病区留种采种,防止种子带毒。播前种子消毒处理,杀灭种子上的病毒。常用的方法有:

(1)10%磷酸三钠溶液处理种子20~30分钟,清洗干净后催芽。

(2)温汤浸种:55℃温汤浸种30分钟后,捞出催芽。

3. 防虫网育苗栽培。高温季节用30目防虫网遮盖苗床,有条件时全棚覆盖或覆盖棚室放风口和入口,杜绝蚜虫、蓟马和粉虱等害虫为害传播。

4. 清洁园田。清除棚室周围杂草,苗床和田间零星发病时拔除病株。

5. 及时防治蚜虫、蓟马和粉虱,阻断传染源。

6. 药剂防治。病毒病目前尚无理想的治疗药剂,一般用三类阻止剂。

(1)病毒的钝化物质。豆浆、牛奶等高蛋白物质,清水稀释100~200倍液,喷洒于植株上,可减弱病毒的侵染能力,钝化病毒。

(2)保护物质。可用27%高脂膜乳剂80~100倍液喷雾,在植株上形成一层保护膜,阻止和减弱病毒的侵入,每7~10天1次,共喷2~3次。

(3)发病初期可选用5%菌毒清水剂500倍液、2%宁南霉素水剂200~400倍液、4%嘧肽霉素水剂300倍液、40%烯·羟·吗啉胍可溶性粉剂600倍液、20%盐酸吗啉胍·乙酸铜可湿性粉剂500~700倍液、25%琥铜·吗啉胍可湿性粉剂600~800倍液、30%毒氟磷可湿性粉剂500~1000倍液、6%寡糖·链蛋白可湿性粉剂1000倍液、6%低聚糖素水剂600~1200倍液、1.8%辛菌胺醋酸盐水剂300~400倍液、0.5%香菇多糖水剂300~400倍液、0.5%葡聚烯糖可溶粉剂4000倍液、1.5%烷醇·硫酸铜乳剂1000倍液、7.5%菌毒·吗啉胍200倍液、2.1%烷醇·硫酸铜可湿性粉剂500~700倍液、3.85%三氮唑·铜·锌水乳剂600~800倍液、1.5%硫铜·烷基·烷醇水乳剂1000倍液、25%吗啉胍·硫酸锌可溶性粉剂500~700倍液、1.05%氮苷·硫酸铜水剂300~500倍液或50%氯溴异氰脲酸可溶性粉剂1000倍液进行喷雾,抑制病毒在植株体内的运转和增殖,每隔5~7天1次,连续2~3次。

18 根结线虫

根结线虫造成的根瘤

根结线虫造成的根瘤

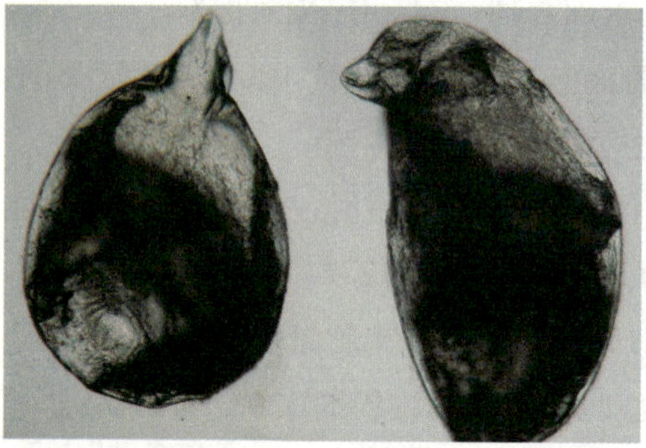

根结线虫雌虫

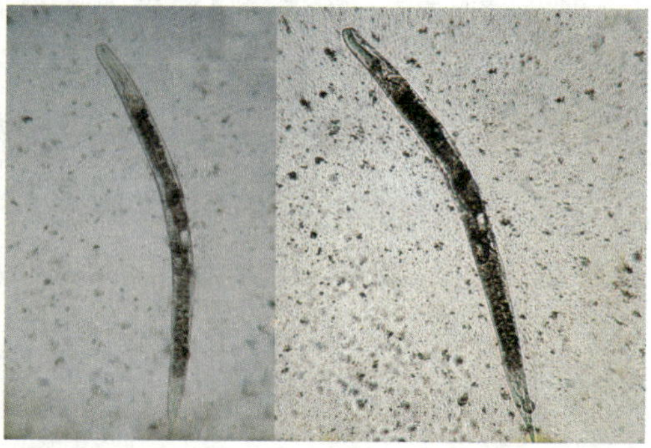

根结线虫雄虫

根结线虫为害甜瓜根系症状

根结线虫为害甜瓜根系症状

根结线虫为害甜瓜根系症状

根结线虫为害甜瓜根系症状

病原及症状识别

我国西甜瓜上发生的根结线虫主要是南方根结线虫，北方局部地方有瓜哇根结线虫，属植物寄生线虫。根结线虫主要为害黄瓜、甜瓜、西瓜、番茄、菜豆等多种蔬菜，也可寄生于部分杂草。西瓜、甜瓜受害后植株根系弱小、根量减少，侧根和须根形成大量的瘤状根结。植株受害后，地上部生长势弱，叶片黄化，植株矮化，结实少且小，干旱时萎蔫，严重时植株枯死绝产。

传播途径和发生条件

根结线虫以幼虫或卵随根组织在土壤中越冬。线虫多分布在土壤5～30厘米耕层，其中95%的线虫在20厘米表土内，一般可存活1～3年。病土、未腐熟有机肥、带病幼苗、寄生杂草和被污染的灌溉水是主要的初侵染源。线虫活动能力弱，一般活动范围不超过1米，主要是随灌溉水在田间扩散，也可随农事活动传播。根结线虫喜高温，忌过湿的土壤。地温25℃～30℃、相对含水量40%～70%的土壤适宜其生存。温度高于40℃或低于5℃时很少活动，超过55℃时10分钟可致死。根结线虫具好气性，地势高、质地疏松、盐分低、潮热的沙土或壤土以及连作地发生严重。

综合防治策略

根结线虫是非常顽固的一种病害，防治难度大，生产上应以预防为主，采取综合防治方法来减轻其为害。

1.上茬作物拉秧后,及时深翻晒垡以降低土壤中的线虫基数。

2.拉秧后立即清理土壤中病残体并集中深埋处理,切勿堆放在棚外路边、渠边,造成水体及土壤二次污染。

3.灌水、排水方便的棚区可与水稻实施水旱轮作,或在上茬作物拉秧清理棚室后直接灌水,保持棚内积水15天以上,淹杀土壤中的线虫。

4.深冬休棚时,北方棚区可在冬前灌足底水,之后深翻,利用极寒的低温气候,积冷杀死土壤中的线虫。

5.嫁接防病。选用抗性好的砧木嫁接防病。

6.苗床消毒或无土育苗。采用穴盘基质无土育苗可避免根结线虫为害。若采用苗床育苗,每平方米可用1.8%阿维菌素乳油1毫升处理;若未进行苗床处理,移栽前发现秧苗有线虫感染时可用1.8%阿维菌素乳油2000～3000倍液处理后再做定植。

7.合理轮作。大葱、大蒜、韭菜、辣椒是抗耐病蔬菜;菊科中万寿菊对线虫免疫或高抗。可用以上作物与西甜瓜轮作。也可与嫁接茄子、番茄抗线虫品种进行轮作。棚室内也可种植速生蔬菜,例如菠菜、生菜、芫荽和小白菜等诱集线虫,收获时根内的线虫被带出土壤,减少对下茬作物的为害。

8.采用日光能生物高温闷棚消毒土壤,预防发病。在北方棚区,这项技术对根结线虫非常有效(参见西甜瓜疫病防治方法)。

9.化学防治。起垄前可选用10%噻唑膦颗粒剂1.5千克/亩、0.5%阿维菌素颗粒剂3～5千克/亩处理土壤,也可每平方米用98%棉隆颗粒剂30～40克进行土壤处理,覆膜熏15天后,去膜、松土、通气,7～10天毒气散尽,确保无气害时播种或栽植。施用棉隆后的药效受土壤温湿度和土壤结构影响较大,使用时土壤温度应高于6℃,以12℃～18℃最宜,土壤相对含水量要大于40%。也可在定植后用50%辛硫磷乳油1200倍液或1.8%阿维菌素乳油2000～3000倍液灌根,每株灌药200～250毫升,或在定植时用41.7%氟吡菌酰胺悬浮剂5000～10000倍液进行灌根。上述部分药剂对瓜类有药害,要谨慎施用。

10.生物防治。用2.5亿/克活孢子淡紫拟青霉生物制剂3～5千克/亩,配适量腐熟的鸡粪在定植前起垄时施入防治根结线虫。

19 “戴帽”

甜瓜戴帽出土苗

甜瓜戴帽出土苗子叶受害症状

西瓜戴帽出土苗

西瓜戴帽出土苗子叶受害症状

症状

西甜瓜育苗出土时，经常遇到有种皮夹在子叶上而不脱落的情况，俗称“戴帽”。发病时，轻者造成幼苗生长不良而形成弱苗、小苗，重者子叶腐烂，幼苗因饥饿而死亡。

成因

通常原因有4种：

1. 种子质量不好，顶土力弱，出土时无力脱壳。

2. 苗床底水不足，种皮干燥变硬夹住子叶而不易脱落。

3. 覆盖土层或基质过薄，致使种皮不能顺利脱落。

4. 幼苗刚一出土即撤掉塑料薄膜，种皮在脱落前变干而不能顺利脱落。

防治方法

1. 精选种子，挑选新鲜粒大饱满的种子。避免用陈旧种子育苗。

2. 播前浇足底墒水，播后用湿土覆盖，厚度要适宜。

3. 育苗床加盖塑料薄膜或草帘，出苗前保持苗床湿润；出苗时适时撤膜，防止揭膜过早，造成苗床失水而使发芽滞后的种子脱壳受阻。

4. 幼苗发生“戴帽”时，用小型喷雾器在幼苗上喷少许清水，清晨种壳潮湿时人工剥除种皮。

20 化瓜

西瓜化瓜

西瓜化瓜

西瓜化瓜

西瓜化瓜

西瓜化瓜

症状及成因

雌花开放时，瓜梗细且短，子房纤小，幼瓜发育一段时间后慢慢停止生长，逐渐褪绿变黄，最后萎缩坏死，这种现象称“化瓜”。化瓜的主要原因，一是开花后雌花未授粉受精。西瓜和甜瓜为雌雄同株异花授粉植物，花期如果遇到阴雨天，花粉就会吸湿破裂；或授粉昆虫较少，雌花不能完成授粉，使子房不能正常膨大生长而脱落。二是雌花或雄花花器不正常。如花器柱头过短，无蜜腺，花药中不产生花粉或雌蕊退化等，都会引起化瓜的发生。三是植株营养生长过旺或过弱都会引起化瓜。由于植株生长不协调，营养物质分配不均匀，或留瓜过多，使幼瓜得不到足够的营养物质而化瓜。四是与花期土壤持水量有关。水分过多，使茎叶旺长，雌花因营养不良而化瓜；水分过少，又导致植株因缺水而落花。五是环境条件不利。花期温度过高或过低，都不利于花粉管伸长，使受精不良，引起落花；光照不足，使光合作用受阻，子房暂时处于营养不良状态而导致化瓜。六是营养生长与生殖生长不协调。营养生长过旺会导致雌花发育不良而引起化瓜。

防治方法

1. 选择适宜品种。

2. 育苗期温度过高或过低、干旱缺水、光照不足、秧苗徒长或老化，导致花芽分化及发育受阻、花素质降低等，要通过培育壮苗的办法来解决。

3. 根据品种特性和茬口适宜密度定植，宽窄行栽培，保证田间通风透光。

4. 因营养生长过旺或长势不足造成的化瓜，可采取协调生殖生长和营养生长的办法来解决。定植后控制水肥，充分蹲苗。伸蔓期推迟追肥和浇水，控制氮肥用量。长势过旺时，可在龙头下方40～50厘米处将瓜蔓捏扁，以刚刚流出汁液为度，有利于坐瓜。

5. 西瓜宜选留第2、第3朵雌花，甜瓜宜选留14～16节开放的雌花，在开花当日的上午及时辅助授粉。

6. 加强病虫害防治，合理调整棚室温湿度，科学灌溉施肥，深冬季节及时清扫棚面增加光照，保证植株正常生长。授粉期棚室最低温度15℃以上，昼温控制在35℃以下。

7. 及时摘除病虫叶、老残叶，避免不必要的养分流失。

8. 叶面喷施0.5%磷酸二氢钾＋0.4%葡萄糖＋0.3%尿素＋15毫克/升保瓜灵，可有效预防化瓜。

21 早衰

西瓜早衰

甜瓜脱肥早衰

甜瓜根系不良早衰

甜瓜脱肥早衰

甜瓜早衰田间症状

甜瓜根系不良早衰，未熟死秧

症状

西甜瓜早衰俗称“倒秧”，是温室秋冬茬和深冬茬栽培中经常发生的问题。多在果实快速膨大至成熟期出现，其表现有两种：一是初发时晴天的中午瓜秧萎蔫，早晚可恢复，重复几天后瓜秧干枯，多在西瓜上表现；二是果实进入快速膨大期后，坐瓜节附近叶片黄化失绿并向上、向下发展，严重时全棚植株干枯，多在甜瓜上表现。

成因

1. 品种适应性差。

2. 定植后蹲苗不到位，根系小而浅，进入果实快速膨大期以后植株对养分和水分的需求骤增，而根系吸收能力不足，果实争夺叶片中的水分和养分而导致早衰。

3. 室内温度低、光照不足，特别在地温低时，根系吸水吸肥活力下降导致早衰。

4. 果实膨大期干旱缺水、追肥不及时造成脱水脱肥。

防治方法

1. 根据设施性能选择茬口，深冬季节要选择叶形适中、生长旺盛、耐低温寡日照的温室栽培专用品种。

2. 因地制宜，选择适宜的棚型。低温季节加强保温措施，保证室内最低地温15℃以上。

3. 培育壮苗，适密定植。定植后控制水肥供应，充分蹲苗，促进根系向纵深发展，在低温来临之前建立强大的根系。

4. 定瓜后保证充足的肥水供应，膨大期结束后适当控水控肥。追肥以氮肥和钾肥为主，适当配施钙镁肥，避免生育期脱水脱肥。

5. 果实接近成熟期发生萎蔫型早衰时，要适当提高夜温，控制昼温，并在晴天的中午适度遮荫。

6. 加强田间管理，可叶面喷施碧护（0.136%赤·吲乙·芸可湿性粉剂）7500～20000倍液、0.01%芸苔素内酯乳油2500～5000倍液或1000～1200倍植物动力2013，7～15天喷施1次，连续2～3次，以促进植株正常生长。

22 缺钙

西瓜缺钙引起脐腐病

西瓜缺钙引起脐腐病

甜瓜缺钙引起"发酵果"

甜瓜缺钙引起"发酵果"

症状

缺钙是温室西甜瓜栽培中经常出现的生理障碍，在不同品种上表现不同。在甜瓜上造成发酵果，即果实在成熟或过熟过程中果实外观正常，而内部果肉呈水渍状，果肉组织糖化发酵，食味上出现刺激舌头的感觉，或有酒精味。西瓜缺钙时，主要是植株顶端生长受阻，症状常表现在顶芽、根尖等新生部位；叶片发黄、卷曲，顶部叶蔓可变褐枯死；果蒂部出现凹陷斑、开裂、褐腐甚至坏死形成脐腐果，容易发生裂瓜。

成因

缺钙多因土壤含氮量高、含钙量低、土壤盐分过重、土壤干湿不均、大量使用钾肥或冲施鸡粪等原因而导致，在冬季温度低、光照弱、放风量小、蒸腾受阻的条件下容易发生。

防治方法

1. 选择不易发生脐腐病的西甜瓜品种。

2. 加强棚室温度管理，满足作物生长正常的温度需求。加强棚室通风，降低室内湿度，维持植株正常的蒸发蒸腾。

3. 均匀灌溉，小水勤浇，避免土壤过干过湿。深冬低温季节采用膜下暗灌。

4. 合理追肥，平衡施肥。在有机肥基施量充足的条件下，钾肥只做追肥使用，避免基施，并适当减少钾肥和磷肥使用量。棚室内杜绝冲施生鸡粪。避免单纯大量追施氮肥，适量追施硝酸铵钙、硝酸钙等含钙复合肥。

5. 培育壮苗，定植后加强管理，促发根系，增强作物吸收功能。

6. 为预防缺钙的发生，可在每10立方米灌溉水加入5千克硝酸铵钙，同时灌溉垄间大沟和膜下暗灌沟，连续2～3次。或亩追施硝酸铵钙20千克，随即浇水。

7. 叶面补钙补硼。进入结果期后可叶喷0.1%～0.3%硝酸钙或0.1%～0.3%硝酸铵钙，同时按0.1%～0.2%加入硼酸或硼砂，硼钙同补，效果更好。一般间隔10～15天，连续喷洒2～3次。

8. 发生缺钙的温室在下茬作物整地时，亩施生石灰50～100千克，或碳酸钙粉150～200千克，可有效防止缺钙。也可亩施钙镁磷肥50～100千克。

23　缺镁

甜瓜缺镁

甜瓜缺镁

甜瓜缺镁

西瓜缺镁

症状

缺镁是保护地瓜类常见的生理性病害。甜瓜缺镁主要发生在坐瓜节附近的叶片上，果实膨大至成熟期易发生。由于镁在植株体内移动性较强，缺镁症主要发生在下部老叶上。叶片主脉间叶肉褪绿，变为黄白色。褪绿部分向叶缘发展，后期叶片除叶缘或大叶脉顶端保持一定程度的绿色外，叶脉间白化失绿。重者叶脉间全部褪色发白，与叶脉的绿色形成鲜明对比，俗称“白化叶”。

成因

西甜瓜果实膨大至成熟期，对镁的需求量增加，此时镁供应不足易产生缺镁症。缺镁多由施肥不当引起。钾过量、磷缺乏均会影响对镁的吸收；氮肥偏多、钙过量也易造成缺镁。低温条件下发病重。

防治方法

1. 改良土壤，避免土壤过度酸性或碱性。

2. 合理施肥。施足充分腐熟的有机肥，适量施用化肥；注意氮、磷、钾肥合理配施，勿使氮、钾过多，磷不足。肥料不要一次过量、集中施用。

3. 合理浇水，避免大水漫灌。土壤湿度过大易降低根系对镁的吸收，而镁也易随雨水、灌溉水流失。

4. 保持西甜瓜棚室内最低温度在15℃以上。

5. 发病初期可叶面喷施0.3%～0.5%的硫酸镁水溶液。

6. 缺镁地块可亩基施50～100千克钙镁磷肥或2～4千克硫酸镁。

24 畸形瓜

甜瓜畸形瓜

甜瓜畸形瓜

西瓜畸形瓜

西瓜畸形瓜

症状

西甜瓜生产上，由于肥水管理跟不上，或授粉受精不良、植物生长调节剂浓度过大、地温低等原因，有时会出现头部大、脐部尖的尖嘴瓜，或一面平直、一面拱起、形如驼背的驼背瓜，或中间凹陷、头部小、脐部大、形如葫芦的葫芦瓜，或一侧向里凹陷、一侧向外拱起、形如弯弓的弓形瓜等畸形瓜，影响西甜瓜的产量和商品性。

成因

1. 品种选择不当。

2. 土壤含盐量过高，根系不能充分伸长和发展，致使水分和养分吸收不足，果实不能正常生长发育。生产上要避免在盐碱地进行西甜瓜生产，使用滴灌灌溉，积极改良土壤等。

3. 高温干旱，根系对水分的吸收不足。要适时灌溉，使土壤保持足够的水分供根系吸收。

4. 低温弱光引起花器发育不良或授粉不当。管理上应注意保持足够的温度和光照强度以及光照时间。花期及时进行人工辅助授粉。

5. 外部机械原因。绑蔓、吊瓜时防止人为造成瓜体损伤。

6. 避免药害，正确使用农药，浓度不能过高，喷药时尽量不要喷到花蕾，授粉期尽量避免用药。

防治方法

1. 根据棚室条件和栽培茬口选择适宜品种。深冬茬要选择耐低温弱光照、低温下坐果及膨大性能良好的品种。

2. 加强苗期管理，特别在花芽分化开始以后，要提供适宜秧苗正常生长发育的环境条件和养分、水分需求。加强苗床病虫害防治，培育壮苗。

3. 合理调控温室温湿度，加强水、肥、光、气管理，合理调节营养生长与生殖生长的平衡。西甜瓜的最低夜温要控制在14℃～16℃以上。

4. 西瓜选择第2、第3个雌花授粉，吊蔓栽培的厚皮甜瓜选择15节位左右的雌花辅助授粉。幼瓜核桃大小时，选留果形周正、子房肥大的幼瓜定果。

5. 根据品种类型和生长季节选择适宜的蘸花药剂、浓度和蘸花方法蘸花保果，避免重复处理。

6. 蘸花最好在雌花开放的当天上午进行，选择发育正常的雌花进行处理。

7. 加强肥水管理。在施足基肥的基础上，适时追肥，保证坐瓜、膨瓜期所需的养分，防止脱肥；保证瓜体膨大后的水分需求，均匀灌溉，防止过分干旱。

8. 合理留果。在幼瓜鸡蛋大小时选留。应选幼瓜颜色鲜嫩、形状匀称、两端稍长、无外伤，果柄较长、粗壮，花脐较小的幼瓜。对坐瓜节位过低、果实太小、畸形瓜、病果和烂果则予以摘除。

25 裂瓜

甜瓜果肩部裂瓜

甜瓜不规则裂瓜

西瓜纵裂瓜

西瓜花蒂部裂瓜

症状

西甜瓜裂瓜是设施栽培中的常见问题。甜瓜、西瓜以纵裂和不规则裂果居多。裂瓜主要发生在快速膨大期后或成熟期。果实开裂后不能运输、贮藏，商品性丧失，还易感染病菌造成烂果。

成因

1. 品种特性。果实皮薄而脆的品种，受到强烈震动而裂瓜，主要多见于西瓜的小型品种。

2. 坐瓜后在生长期水分供应变化剧烈，干旱后浇水过多，植株吸水过于猛烈，果实内部吸水膨胀而表皮膨大缓慢，内外不能同步而造成裂瓜。

3. 子房部位发生病变，产生裂痕，果实充分吸水后发生裂果。

4. 苗期为控制水分防止徒长，使苗土过于干旱，营养土块变成“硬坨”，根系腐朽，在生长后期易产生裂瓜。

防治方法

1. 选用抗裂、耐裂品种。

2. 均衡灌溉，避免土壤和空气骤干骤湿。西甜瓜在果实膨大后期要减少浇水，成熟前一周停止浇水。

3. 若棚室西甜瓜开始出现裂瓜、土壤水分充足且植株生长旺盛，可在瓜前15～20厘米处将茎蔓捏扁，以刚刚流出汁液为度，可避免继续裂瓜。

4. 合理灌溉施肥，科学调控室内温湿度，调节坐果量，及时采收，均衡营养生长和生殖生长的平衡，避免过度的营养生长。

5. 及时补充钙、镁、硼等中微量元素

6. 及时摘除裂果，避免病菌感染。

26 日烧(日灼)

甜瓜日烧

甜瓜日烧

症状和成因

日烧(日灼)在设施栽培中并不多见,主要因太阳光直射果面造成。日光温室中多在棚室前沿发生。果实在膨大中后期,受强烈的日光直射使果实局部因高温坏死脱水,形成干缩的斑块。常发生在果实停止膨大后的成熟期,果实旺盛生长期少见。甜瓜发病初期,果面被太阳晒成灰白色或浅白色革质状,病部表面变薄,组织坏死发硬。日灼严重的果实外皮干缩变成黄白,凹陷,整个果实失去食用价值。日灼轻的果实虽外表改变不大,但内部果肉变薄,质地粗糙柔韧少汁,不能食用。

防治方法

1. 选择适宜品种。如甜瓜日烧多在白皮和黄皮类型品种上出现。
2. 合理密植,加强田间管理,保证充足的营养生长。
3. 合理整枝,坐果后随时用茎叶覆盖果实,膨瓜期防止干旱。

27　肥害

甜瓜肥害

甜瓜肥害

甜瓜“黄金边”叶

西瓜肥害

症状及成因

盲目施肥、施肥量过大、施入未腐熟的有机肥、施肥不均匀、追肥距作物根系太近等均可导致肥害。设施栽培肥害主要有四种类型：

1. 脱水型肥害。植株表现萎蔫，轻者影响生长发育，重者全株死亡。一次性施用化肥过多，或者在土壤水分不足、施肥后土壤溶液浓度过大时，引起植株细胞内水分反渗透，造成植株脱水。另外，叶面施肥浓度过大，也会烧伤叶片。

2. 熏伤型肥害。施用碳酸氢铵、生鸡粪等肥料后容易出现。这类肥料使用后容易产生大量的氨气，对植株造成伤害。

3. 烧苗型肥害。基肥施用量过多，常会出现烧苗，缓苗慢，甚至死苗。

4. 毒害型肥害。由于施肥不当，植物体内的离子平衡破坏而引起的生理伤害，如因氮肥施用过量而出现的亚硝酸盐毒害。同时氮素过多会导致缺钙症。

防治方法

1. 禁止施入未腐熟的有机肥料。有机肥必须腐熟、砸碎过筛后再施用。基肥要与土壤均匀混合。

2. 合理使用化肥。推行测土配方施肥技术，根据土壤养分供应能力和作物需肥规律平衡施肥。化肥单次追肥量控制在30千克/亩以内（实物量），避免一次性大量追肥。尽量使用长效缓释肥，不使用含氯的化肥。

3. 叶面肥喷施浓度不宜过高。尿素作叶面肥时浓度不应超过0.3%，喷洒湿润即可。

4. 增施有机肥料，推广秸秆还田，提高土壤有机质含量。

5. 杜绝肥料的干施、撒施和表施。有机肥和速溶性化肥最好随水冲施。穴施法施肥要距作物根系15厘米以外，且要深施并立即覆土，以防止烧苗及肥效损失。

6. 发生肥害的温室，要结合膜下暗灌和大沟灌溉大量浇水，淋洗多余肥分，并在一定时期内停止追肥。

7. 发生肥害后，可叶面喷施碧护（0.136%赤·吲乙·芸可湿性粉剂）7500～20000倍液、0.01%芸苔素内酯乳油2500～5000倍液或1000～1200倍植物动力2013，7～15天喷施1次，连续2～3次，以促进植株正常生长。

8. 轮作。可利用夏季温室休闲期种植一茬玉米。玉米亩播种量10～12千克，播种后45～50天，株高达到1.2～1.5米时割去地上茎叶，以消耗残余肥分并带走部分盐分。

28 盐分障碍

甜瓜营养块育苗盐分障碍

甜瓜营养块育苗盐分障碍

盐分为害西瓜叶片症状

盐渍化土壤甜瓜定植后死苗

症状及成因

由于环境与栽培管理模式的不同，设施土壤中的盐分、肥分和有害物质的累积速度高于大田，部分温室土壤盐分累积量已达到甚至超过了作物的生育障碍临界点，造成盐分为害。不合理的灌溉制度、盐分含量较高的灌溉水、大量不合理的施肥等不当的人为活动，使原来非盐渍土演变成盐渍土，或使土壤盐渍化加重。西甜瓜在盐渍化土壤上种植时，会出现定植后缓苗慢、生长受阻甚至死苗等症状。个别离子可直接为害作物生长，或由于离子间的拮抗作用而导致缺素症状。

有时盐分障碍的表现和肥害的症状十分相似，要根据立地条件和灌溉施肥情况逐一甄别。

防治方法

1. 增强抗性：选用抗病、耐盐的品种及实行嫁接换根栽培。

2. 揭膜淋溶休闲：夏季揭去棚膜，进行休田或种植荞麦、玉米、豆类等绿肥作物，或充分曝晒温室土壤，雨水自然淋洗，可有效降低土壤中的盐分含量。

3. 灌溉洗盐：换茬休闲时，在温室内灌满淡水，形成10～15厘米深的积水，淋洗盐分及有害物质。

4. 科学施肥。禁止使用未腐熟的有机肥，同时将有机肥基施量控制在10立方米/亩以内，其中鸡粪量控制在3立方米/亩以内；根据作物需求合理平衡追肥，化肥单次追施量控制在30千克/亩以内（实物量），避免一次性大量追肥；在种植年限较长的温室增施生物肥，推广秸秆还田，提高土壤有机质。

5. 采用地膜覆盖高垄栽培膜下暗灌技术，尽量使用优质水源，灌溉水电导率要低于1.0毫西/厘米；推广使用滴灌等节水灌溉技术；根据作物需水规律合理灌溉，既可满足作物需水，又能避免盐分积累。

6. 发生盐分为害的温室，在温度允许的条件下要结合膜下暗灌和大沟灌溉大量浇水，淋洗多余的盐分。

7. 盐碱较重的棚室改地膜覆盖高垄栽培模式为平做或沟栽，可减轻盐碱为害。

8. 轮作。可利用夏季温室休闲期种植一茬玉米。玉米亩播种量10～12千克，播种后45～50天株高达到1.2～1.5米时割去地上茎叶，带走部分盐分。

9. 发生盐分为害的棚室西甜瓜，可叶面喷施碧护（0.136%赤·吲乙·芸可湿性粉剂）7500～20000倍液、0.01%芸苔素内酯乳油2500～5000倍液或1000～1200倍植物动力2013，以缓解盐分障碍，促进植株正常生长。一般10～15天喷施1次，连续2～3次。

29　低温障碍

甜瓜种子"窝芽"

甜瓜低温下分化"双胞胎"花

甜瓜上部叶片呈匙状并黄化

甜瓜新叶失绿黄化

甜瓜果实膨大速度慢

甜瓜定植后死苗

甜瓜低温下分化"双胞胎"花

甜瓜植株低温枯死

西瓜植株冻害

症状

在冷害临界温度以下，环境温度越低，延续时间越长，植株受害越重。短时间的0℃以下低温冻害尚可恢复，而长时间处于0℃以下时植株即被冻死。常见的冷害表现有：

1. 种子芽率降低，胚轴不能正常伸长而导致“烂种”、“窝芽”。

2. 植株生长发育延迟，叶片黄化，根系吸收功能迅速降低。

3. 花器异常发育，授粉受精异常，形成畸形花和畸形果；落花落果；果实膨大、成熟速度减缓，果实着色不良。

4. 生长点生长受阻，定植后缓苗慢甚至死苗，原有叶片失绿、黄化、干枯、脱落，甚至整棚冻死。

成因

设施西甜瓜低温障碍是由低温引起的一类生理病害，分为冷害、冻害两种。冷害是指温度在0℃以上，引起农作物的生育期延迟，或使生殖器官的生理机能受到损害，造成农业减产的气象灾害。当温度低于0℃以下，植株体内细胞中水分结冰，致使细胞破裂死亡引起的伤害称为冻害。

受设施条件的限制和气候多变的影响，低温障碍在设施生产中非常普遍。低温的影响因温度的高低、持续时间的长短和作物生育期的不同而异，不同作物遭受冷害的极限温度也不相同。一般西甜瓜根系停止生长温度为8℃～10℃，5℃以下植株会受冻害，15℃以下时雌花不能正常开放。

防治方法

1. 根据设施性能和保温条件，合理选择作物与品种，确定适宜茬口。

2. 新建温室和大棚要根据立地条件选择设计合理、性能优良的棚室结构，建造要规范，保证温室后屋面和外墙厚度，从根本上取得最佳的预防效果。

3. 选择使用优质塑料薄膜和御寒防雪覆盖物。深冬茬栽培要选用厚度0.01毫米以上透光良好的棚膜，尽量选用EVA（醋酸乙烯）、PO棚膜；草帘厚度要在5厘米以上，最好是双层覆盖，且在温室前沿外侧横立一排草帘保温；冬季温室夜间加盖防雪防寒膜；有条件的可在室内增加小拱棚等多层覆盖。

4. 采用地膜覆盖高垄栽培、膜下暗灌技术，推广使用滴灌等节水灌溉技术；大沟覆草，保温降湿；加强管理，尽量使室内多见光、多蓄热。

5. 时刻注意天气预报，在极端天气过程来临之前准备好补充加温和保温设施。遇到极端低温天气时，可在室内临时增加多层覆盖，室内悬挂碘钨灯和白炽灯、生火炉或热风炉、点蜡烛。

6. 低温锻炼。实行大温差育苗；育苗期内要把温度控制在正常适温的下限，严防秧苗徒长；定植前低温炼苗，定植后要重视培育健壮植株。

7. 冬天遇到阴雪或大幅度的降温天气，应及时喷洒27%的高脂膜乳剂80～100倍液，一般每周喷洒一次。

8. 在极端天气过程来临时，夜间室内燃放大棚增温燃料块，一般每亩地一次需燃料块4～6块，增温效果良好，可避免寒流期间冻害的发生。用35℃左右的热水灌溉暗沟也是一种有效的增温方式。

9. 解救措施。根系受害后，首先应设法提高土壤温度，降低土壤湿度，适当疏叶，摘除花果。持续低温过程结束后，要让植株逐渐见光，缓慢升温，逐渐通风，中午适当遮荫，以防“闪秧”。也可叶面喷施碧护（0.136%赤·吲乙·芸可湿性粉剂）7500～20000倍液、0.01%芸苔素内酯乳油2500～5000倍液或1000～1200倍植物动力2013，7～15天喷施1次，连续2～3次，以促进植株正常生长。

10. 若冻害严重，植株枯死，应等待天气好转后及时补栽或复栽。

30 菟丝子

菟丝子

菟丝子花

菟丝子为害甜瓜幼苗

菟丝子为害甜瓜幼苗

症状

为害西甜瓜的菟丝子为中国菟丝子，属于旋花科，菟丝子属，是一种检疫性有害生物，主要为害西甜瓜地上部分。受害植株上缠绕着许多金黄色细丝状无叶茎，吸取营养和水分，并随其茎的伸长和不断分枝形成吸根而向四周不断扩大蔓延，被缠绕的植株茎变细或弯曲，植株低矮弱小，叶片小而黄，生长衰弱不能开花或花而不实。严重时整株布满菟丝子，引起全株死亡甚至成片枯死。

为害特点及传播途径

菟丝子属全寄生缠绕的草本种子植物。无根，叶片退化为鳞片状，茎黄色、纤细。花序侧生，少花或多花簇生成小伞形或小团伞花序。蒴果球形，直径约3毫米，几乎全为宿存的花冠所包围，成熟时整齐地周裂。菟丝子的种子外壳坚硬，在土壤内可存活1～3年。每年4～6月份在土壤内受到寄主植物分泌物刺激时即开始萌发，长出6～10厘米长的浅黄色幼茎，幼茎与寄主的茎接触后产生吸器，附着在寄主表面吸收营养。一旦与寄主建立寄生关系后，吸根下边的茎就逐渐萎缩并与土壤分离，缠绕于寄主上部茎蔓不断繁殖和伸展，向四周蔓延为害。若没有缠绕在寄主植株上，过7～10天便枯死。菟丝子喜高温湿润气候，对土壤要求不严，适应性较强，常见寄生于路边、地边的豆科、菊科、蔷薇科等植物上。远距离主要随种子的调运而传播。近距离主要随种子、厩肥、农具、人类活动等传播为害。温室里主要混杂于粪肥、育苗土或基质中，也可随流经发生区水渠的灌溉水传入造成为害。近年由于一些地区种植菟丝子，致使其发生范围扩大，对西甜瓜生产构成一定的威胁。

防治方法

1.加强植物检疫。菟丝子是重要的检疫性有害生物，可随种子调运进行远距离传播。因此，调运和购买西甜瓜种子时要严格检查，严禁使用有菟丝子混杂的西甜瓜种子；选用无病地繁殖瓜种。

2.粪肥处理。厩肥须经高温发酵处理，使菟丝子种子失去发芽力或沤烂。

3.人工清除。初见菟丝子缠绕西甜瓜植株时，立即将其摘除干净，并深埋。菟丝子发生普遍的地方，应在种子未成熟前彻底拔除，以免成熟种子落地，增加翌年侵染源。

4.生物防治。选择阴天的早晚，喷洒鲁保1号高浓缩孢子吸附粉剂（盘长孢菌生物制剂），隔7天1次，连续防治2～3次。本剂的杀草机理是使菟丝子发生真菌病害而枯死，此菌不感染西甜瓜，对作物安全。

31 蚜虫

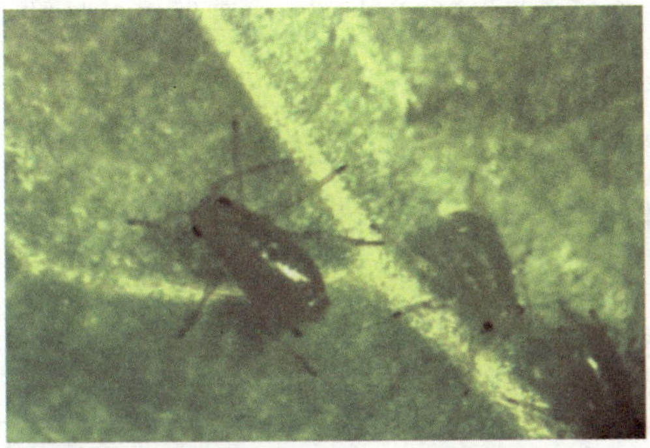
无翅蚜

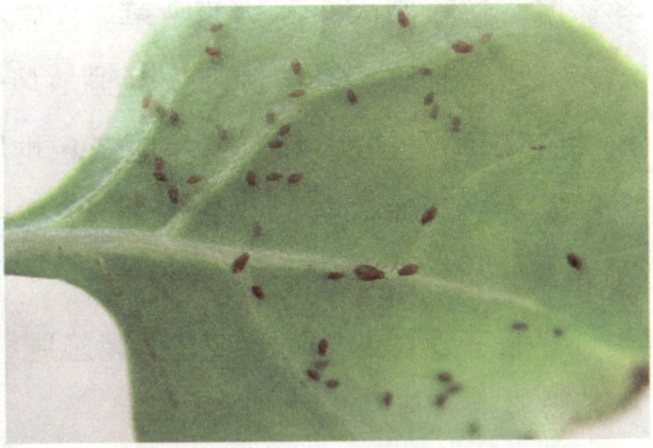
蚜虫为害症状

蚜虫为害甜瓜幼苗

蚜虫为害西瓜叶片

为害特点

蚜虫是为害棚室西甜瓜的重要害虫之一，主要以成虫、若虫群集在叶背、嫩茎和花蕾上刺吸植物汁液。幼叶被害时常卷曲皱缩，重者叶片卷缩、变形、枯萎；顶芽受害时植株发育明显迟缓。蚜虫为害时还排出大量的蜜露污染叶片和果实，引起煤污病发生，影响植株的光合作用和呼吸功能，同时也影响西甜瓜品质。蚜虫还可传播多种病毒病，造成更大的为害。

防治方法

1. 清理棚室。入冬前清除棚室作物残体和杂草，深翻晾晒，灌足底水恶化其越冬环境。铲除棚内及周边的杂草。作物拉秧后及时清除残枝败叶，压低虫口基数。

2. 防蚜避蚜。育苗棚及生产棚放风口和入口覆盖30目的防虫网，防止蚜虫进入；棚室周围悬挂灰色飘带，用银灰色地膜覆盖驱避蚜虫，减轻为害。

3. 黄板诱蚜。每间温室悬挂1～2片黄色诱虫板，诱虫板下端高出秧头15～20厘米，可诱杀有翅蚜。

4. 棚室管理。合理稀植，平衡施肥，加强肥水管理，提高植株抗虫力。结合整枝吊蔓及时摘除下部老叶、虫叶。

5. 使用糖化硼肥片防治。定植时在定植穴底部放入一片糖化硼肥片，可有效预防蚜虫为害，并兼防白粉虱和蓟马。

6. 药剂防治。点片发生阶段及时用药是关键。由于蚜虫繁殖速度快，所以一次用药很难控制，必须连续防治2～3次方可奏效。初发时可选用3%啶虫咪乳油1000倍液、2.5%高渗吡虫啉乳油1500倍液、1%苦参碱水剂1000倍液、10%烟碱乳油500～1000倍液、25%阿克泰水分散剂7500倍液、10%氯氰菊酯乳油2000倍液或25%吡蚜酮可湿性粉剂2000～3000倍液挑治。重发生时可选用复配制剂，如3.5%氟腈·溴乳油1000倍液、25%吡·辛乳油1500倍液或1.1%百部·楝·烟乳油1000倍液。防治时在药液中加入0.1%无酶洗衣粉、中性肥皂水或农药增效剂（如固润等），能增加农药的展着性和渗透性，提高防效。结合喷雾每亩可用22%敌敌畏烟剂500克或10%异丙威烟剂300克熏蒸，对有翅蚜防效更好。

7. 生物防治。保护和利用天敌，发挥自然控制作用。常见蚜虫的天敌有七星瓢虫、十三星瓢虫、食蚜蝇、草蛉和食蚜瘿蚊等。

32 温室粉虱

温室白粉虱成虫

温室白粉虱若虫

为害特点

温室粉虱主要以烟粉虱和温室白粉虱为主。在温室内主要为害瓜类、茄果类和豆类蔬菜，尤其喜食番茄和菜豆。成虫和若虫大量群聚叶背吸食植物营养，致受害作物叶片褪绿、变黄、萎蔫。群聚为害时还能分泌大量的蜜露，除污染叶片和果实外，其上滋生的杂菌往往会引发煤污病的大发生，造成植株长势衰弱甚至全株枯死。另外，温室粉虱还可传播多种病毒病。

防治方法

1. 清洁田园。温室在育苗、定植前要彻底清除前茬作物的残株、杂草，带出室外集中销毁或深埋。熏杀或喷杀残余成虫，力争做到室内清洁。

2. 覆盖防虫网。育苗棚覆盖30目防虫网阻隔外来虫源。温室的通风口、门窗等处也要张挂防虫网。条件允许时应把育苗棚室和栽培棚室分开。

3. 合理调整作物布局结构。棚室附近尽量避免种植黄瓜、番茄、茄子、菜豆等粉虱发生严重的蔬菜，提倡种植粉虱不喜食的十字花科作物，减少虫源。

4. 及时摘除虫叶、老叶，带出室外深埋或销毁，减少室内粉虱种群数量。

5. 黄板诱杀。生产棚可张挂黄板诱杀成虫，一般每间1～2片。育苗棚除加盖防虫网外，播后可张挂诱虫板监控虫情，同时也可起到诱杀作用。

6. 使用糖化硼肥片防治。定植时在定植穴底部放入一片糖化硼肥片，可有效预防粉虱为害，并兼防蚜虫和蓟马。另外定植前在垄上撒施或在定植穴穴施5%噻虫嗪颗粒剂每亩2～4千克，药、土比例为1∶5，可有效防治粉虱，一般持效期可长达60～80天。

7. 药剂防治。依据粉虱生物学特性，在化学防治上把握好若虫羽化期的点片发生阶段（每株有成虫2～3头）及时用药，将其消灭在幼龄期。喷雾防治应选择在清晨气温稍低粉虱停歇、活动能力弱时进行，傍晚施药会增加棚室湿度，对控制病害不利。喷药时应从下到上，先喷叶背面，这样成虫会因受惊吓而在飞动过程中受药，提高防效。首选药剂为25%噻虫嗪水分散粒剂7500倍液，10%噻嗪酮乳油1000倍液对粉虱也很有效，25%喹菌酮乳油1000倍液对粉虱成虫、卵和若虫皆有效，2.5%联苯菊酯乳油3000倍液可杀成虫、若虫、假蛹，但对卵的效果不明显。另外可选用0.3%印楝素乳油1000倍液、10%吡虫啉可湿性粉剂1000倍液、5%啶虫脒乳油1000倍液、10%烯啶虫胺水剂1500倍液、1%甲维盐乳油2000倍液或20%甲氰菊酯乳油2000倍液喷雾。大发生时可采用熏蒸法，每亩用22%敌敌畏烟剂500克或10%异丙威烟剂200克。喷雾与熏蒸结合效果更好。冬季熏蒸时要提早关风口、放草帘，适当提高棚室温度以提高熏杀效果。

8. 生物防治。丽蚜小蜂、中华草蛉是粉虱的有效天敌。在温室栽培中，在西甜瓜定植后，挂诱虫黄板，发现成虫后，立即挂丽蚜小蜂蜂卡。当每株有粉虱0.5～1头时，每株放蜂3～5头，隔10天左右放1次，连续3～4次，使寄生蜂建立种群可基本控制其为害。蜂卡应均匀释放于温室内，挂在植株中上部。另外，中华草蛉及一些捕食螨如胡瓜钝绥螨、斯氏钝绥螨等对温室粉虱也有很好的控制作用。

33 斑潜蝇

斑潜蝇成虫

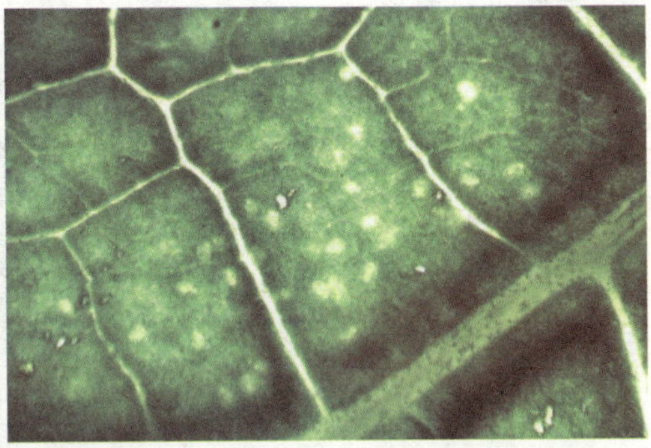
斑潜蝇卵

若虫为害西瓜嫁接砧木幼苗

幼虫为害甜瓜叶面症状

为害特点

成虫刺破叶片表皮吮吸汁液、产卵，形成白色点状枯死斑；幼虫在叶肉中蛀食叶肉，形成白色不规则蛇形虫道，虫道中留有黑色细线状粪便。为害严重时整个叶片潜痕密布，几乎无绿色可见，造成叶片大面积枯死、脱落。幼虫在幼苗期除为害子叶、心叶外，还可蛀入瓜苗幼茎，致顶芽枯死，幼苗倒折、枯萎，严重时可造成毁苗。

防治方法

1. 作物拉秧后及时清除残枝虫叶、杂草，深翻晒田，精细整地；铲除棚室四周杂草，压低虫口基数。

2. 夏季可在休棚期选高温时段密闭棚室10天以上，通过高温闷棚消灭棚内残存的蛹。也可在定植前结合整地亩用50%辛硫磷乳油1～1.5千克或5%辛硫磷颗粒剂3～5千克进行土壤处理。

3. 培育、使用无虫苗。育苗棚及生产棚的风口、门窗处要覆盖或张挂30目防虫网，阻隔害虫进入棚室。

4. 合理稀植，加强肥水管理，结合整枝吊蔓，及时摘除虫叶并带出棚外销毁。

5. 斑潜蝇喜食豆类蔬菜，可在瓜类棚室后排栽植豇豆或菜豆、前沿种植矮生豆类1～2行，诱其产卵，然后集中喷药防治，减轻为害。

6. 育苗及生产棚可张挂黄色诱虫板诱杀成虫。黄板下端距秧头15～20厘米，生产棚一般每间挂1～2块，由东到西呈"之"字型排列，诱杀成虫。

7. 药剂防治。防治幼虫宜在幼虫低龄期，每叶有幼虫5头、多数叶片虫道在2厘米以下时及时施药，重点喷植株中下部叶片。可选药剂有1.8%阿维菌素乳油3000倍液、1.1%烟•百•素乳油1000倍液、75%灭蝇胺可湿性粉剂5000倍液、25%灭幼脲悬浮剂1000倍液、11%阿维•灭蝇悬浮剂3000～4000倍液、5%阿维•高氯乳油2000～3000倍液或2%甲维盐乳油3000倍液喷雾。老熟幼虫落地化蛹初期，可地面喷洒80%敌百虫可湿性粉剂800倍液。成虫盛发期可选用1.8%阿维菌素乳油3000倍液、10%甲氰菊酯乳油1000～1500倍液或10%吡虫啉可湿性粉剂1000倍液喷雾。也可用22%敌敌畏烟剂或10%氰戊菊酯烟剂，每亩500克薰烟。

8. 生物防治。释放姬小蜂、反颚茧蜂、潜蝇茧蜂等寄生蜂，对斑潜蝇寄生率较高。

34 蓟马

蓟马若虫

蓟马为害西瓜叶面症状

为害特点

成虫、若虫聚集在嫩叶、嫩茎、顶芽、花器和果实上锉吸植物营养，使作物生长发育受抑，重者枯萎，对产量和外观品质影响较大。蓟马为害叶片时一般先从靠近主、侧脉处开始，留下灰白、黄白色的疤痕，其间夹杂着由枯死刚毛和蓟马粪便组成的黑色小点。植株顶芽受害后，叶脉扭曲，叶片皱缩，丛生，形成无头苗或多头苗；花瓣、花萼、花柄受害可致畸。果实受害后果皮粗糙，害斑呈线状、片状或网纹状，果实畸形，变硬、变小，严重时整个果面表皮皴裂。

防治方法

1. 加强检疫，防止人为引入、传播西花蓟马。引进植物种苗及产品时需事先申报、申请，经植物检疫部门批准后方可调入，严禁私自从疫区调入种苗及植物产品。

2. 作物拉秧后应及时清除残枝虫叶、杂草，运出棚外集中深埋或销毁处理，不可随意堆放，防止蓟马转移为害。铲除棚室四周杂草，深翻晒田，精细整地，压低棚内外虫口基数。

3. 培育、使用无虫苗。育苗棚和生产棚要分开。育苗时若发现有蓟马为害，定植前须用药剂处理1～2次，间隔5～7天。

4. 蓟马有98%的若虫入土化蛹，因此可以采用高温土壤消毒的方法杀灭残留蓟马，大大延迟下茬瓜类作物上蓟马的为害。夏季休闲期，将棚温升至60℃左右，保持10～15天，残存的若虫会因高温或缺乏食物而死亡。或亩用22%敌敌畏烟剂500克熏蒸，铲除棚内虫源。

5. 利用蓟马对颜色的趋性，育苗、生产棚可张挂蓝色、黄色诱虫板诱杀。

6. 使用糖化硼肥片防治。定植时在定植穴底部放入一片糖化硼肥片，可有效预防蓟马为害，并兼防粉虱和蚜虫。另外在定植前，可在垄上撒施或在定植穴穴施5%噻虫嗪颗粒剂，每亩2～4千克，药、土比例为1:5，可有效防治蓟马，一般持效期可长达60～80天。

7. 高效、低毒及低残留药剂防治。药剂防治是控制蓟马的有效措施。在蓟马发生期，须做到勤查、早防。当虫口达到3～5头/株时即开展全面防治，不可延误。另外蓟马有落地化蛹的特点，应特别注意喷洒地面。噻虫嗪和多杀霉素混合使用，对蓟马有较好防效。可喷施10%吡虫啉可湿性粉剂1000倍液、6%乙基多杀菌素悬浮剂5000倍液、25%噻虫嗪水分散粒剂5000倍液、1.8%阿维菌素乳油4000倍液、5%啶虫脒乳油1000倍液、10%溴虫腈悬浮剂2500倍液、2%甲维盐乳油3000倍液、0.5%楝素杀虫乳油1500倍液、0.3%苦参碱乳油1000倍液、22%氟啶虫胺腈悬浮剂4000倍液、10%甲氰菊酯乳油1000～1500倍液或24%螺虫乙酯悬浮剂2000倍液进行防治，每隔5～7天1次，重点喷施花、嫩叶和幼果等幼嫩组织，连喷3次可获得良好防治效果。

8. 成虫盛发期，每亩可选用22%敌敌畏烟剂500克或10%异丙威烟剂250～300克薰蒸。冬季薰蒸时可适当提早关闭风口、放帘，棚温在22℃以上能更好地发挥药效。

35 叶螨(红蜘蛛)

西瓜叶片叶螨为害症状

雌成螨

叶螨为害西瓜幼苗期症状

叶螨为害西瓜结网状

为害特点

成、幼螨和若螨以刺吸式口器刺入叶背吮吸营养汁液,并结丝网,被害叶面褪绿成黄白或黄褐色小斑,严重时整个叶片大面积失绿、卷曲、枯黄,植株早衰枯死。一般多在中上部叶片集中为害。

防治方法

1. 作物拉秧后应及时清除残枝虫叶、杂草,带出棚外集中深埋销毁,不可随意堆放，防止叶螨转移为害。铲除棚室四周的杂草，深翻晒田，精细整地，压低棚内外虫口基数。

2. 熏杀消灭棚内虫源。定植前棚室用22%敌敌畏烟剂500克/亩，熏杀残存的叶螨。

3. 加强育苗棚管理，培育、使用无虫苗。发现有叶螨为害植株时应及时防治，并在定植前用杀螨剂防治2次，2次间隔时间为5～7天，避免带虫定植。

4. 合理稀植，平衡施肥，适时、适量灌水，防止徒长；深冬季节温室北墙张挂反光膜，改善温室光照条件；结合整枝吊蔓，及时摘除下部老叶、病虫叶。

5. 药剂防治。做好虫情监测，及时用药。秋季定植后和春季棚温升高两个时段有利于害螨繁殖扩散，要及时摘除受害较重的叶片并进行挑治，将为害控制在点片发生阶段。可选药剂有15%哒螨灵乳油2500倍液、20%四螨嗪悬浮剂2000倍液、1.8%阿维菌素乳油4000倍液、1.5%甲氨基阿维菌素苯甲酸盐乳油2500倍液、10%溴虫腈悬浮剂2500倍液、5%噻螨酮乳油2000～3000倍液、25%苯丁锡可湿性粉剂1500～2000倍液、10%联苯菊酯乳油6000倍液、43%联苯肼酯悬浮剂2500倍液、73%炔螨特乳油2000倍液、10%阿维菌素·四螨嗪悬浮剂1200～2000倍液、24%螺螨酯悬浮剂5000～6000倍液、20%乙螨唑悬浮剂2000～3000倍液、20%乙螨唑·甲氰菊酯悬浮剂5000～6000倍液、30%乙唑螨腈悬浮剂3000～4000倍液、20%丁氟螨酯悬浮剂1500倍液、20%氟螨嗪悬浮剂3000倍液、10%喹螨醚悬浮剂3000倍液、0.5%藜芦碱可湿性粉剂1000～2000倍液、14%浏阳霉素乳油1000～1500倍液、10%烟碱乳油800～1000倍液、0.3%印楝素乳油1000倍液或3%苦参碱水剂800～1000倍液，间隔5～7天喷施1次，连续用药2～3次。喷药时重点喷施植株幼嫩部分和叶片背面。

36 地下害虫

地老虎幼虫

地老虎成虫

叩头甲

金针虫

蝼蛄

蛴螬

为害特点

地下害虫主要包括地老虎、蛴螬、蝼蛄、金针虫等，主要取食作物的种子、根、茎、嫩叶、生长点等，常造成缺苗、断垄或使幼苗生长不良。温室中以新建棚和早春茬瓜菜虫情重，深冬棚发生较轻。

防治方法

1. 冬季深翻。早春茬西甜瓜棚在封冻前1个月，深耕35～40厘米，破坏害虫生存和越冬环境，减少次年虫口密度。

2. 清洁田园，铲除棚室周围杂草。作物收获后及时清除棚内杂草和植物残体，集中深埋销毁，破坏害虫的栖息繁殖场所。

3. 粪肥处理。有机粪肥必须进行堆沤、充分腐熟后才能使用。腐熟后每方可加入150～200毫升50%辛硫磷乳油堆闷杀死残存的虫和蛹。

4. 无虫土育苗。育苗前，每方苗床土用50%辛硫磷乳油150～200毫升做堆闷处理，杀死残存的害虫后使用。

5. 土壤处理。移栽前结合整地起垄可用3%辛硫磷颗粒剂3千克/亩进行土壤处理。

6. 诱杀。用黑光灯诱杀地老虎成虫和金龟子，也可用80%敌百虫可湿性粉剂50克兑适量水与炒香的豆饼或油渣5千克拌成毒饵，每亩用量为1～1.5千克，傍晚时撒施在苗床或垄上，诱杀地老虎幼虫和蝼蛄。

7. 灌根。发现有地下害虫为害时，可选用50%辛硫磷乳油500～800倍液、50%丙溴磷乳油1000～2000倍液、90%晶体敌百虫800～1000倍液或1.8%阿维菌素乳油3000～4000倍液，每株100～200毫升灌根。

8. 喷雾。成株期有地老虎为害时，于幼虫转入地下为害（3龄）即成虫发生高峰期后的20天之前选用2.5%溴氰菊酯乳油、10%高效氯氰菊酯乳油或20%氰戊菊酯乳油1500～3000倍液进行喷雾。

37　蛞蝓和蜗牛

蛞蝓

蜗牛

生活习性和为害特点

野蛞蝓，又称鼻涕虫、野蜗牛等，是一种软体动物，属腹足纲柄眼目蛞蝓科。蛞蝓体表柔软，无外壳，食性极杂，一般多发生于西甜瓜棚前沿，主要为害前沿套种的十字花科蔬菜及菠菜、生菜等叶菜，以为害蔬菜幼嫩叶片和嫩茎为主。初孵幼体仅食叶肉，留下表皮，稍大后则咬断嫩茎和生长点，使整株枯死，造成缺苗断垄。植株长高后常为害近地面茎的表皮引发其他病害发生。套种的蔬菜收获后则转移至西甜瓜上为害，常取食叶片使其成缺刻或网状，或将果实蛀成孔洞状。其粪便和爬行时留下的黏液不仅造成污染，而且易滋生病菌导致瓜体腐烂，影响其外观品质，使商品性降低。

野蛞蝓雌雄同体，异体受精，也可同体受精繁殖。一般下半夜产卵，卵椭圆形，成堆产于湿土中。初呈白色透明状，接近孵化时颜色加深。蛞蝓以成体和幼体在菜田蔬菜根部潮湿土下越冬，翌年转暖后开始为害。蛞蝓畏光，白天隐蔽，夜间活动，白天强光下2～3小时即可死亡。一般从傍晚6时以后爬出活动，晚上10～11时达为害高峰。午夜后外出量逐渐减少，到清晨日出之前又陆续潜入土壤中或杂草残叶下隐蔽处。如遇阴雨天往往昼夜为害。蛞蝓耐饥能力很强，在食物缺乏或干旱高温条件下能长时间潜伏在阴暗土缝或草丛中不吃不动，阴暗潮湿时大发生。蜗牛的习性和为害特点与蛞蝓相似。

防治方法

1. 种植前彻底清除棚内及周边道路、特别是水渠边的杂草、杂物，耕翻晒地，清除破坏其孳生场所。

2. 采用高温闷棚措施。在蔬菜定植之前，选择连续3～5日的晴天，密闭温棚，使棚内气温升至60℃以上，蒸灭蛞蝓、蜗牛。

3. 温室周围田块应尽量种植夏粮或实行菜粮轮作，夏粮收获后及时深翻、晒田，通过晾晒杀死土壤中的虫体和卵，压低棚室周围的虫口密度。

4. 农家肥要充分腐熟，经高温发酵后，每立方米粪肥中加入50%辛硫磷乳油150～200毫升堆闷处理，杀死其中蜗牛、蛞蝓的卵后方能施入。

5. 地面撒石灰和草木灰。在蛞蝓初发为害阶段，及时在棚室的渠边、苗床四周以及前沿与垄连接处，撒石灰或草木灰隔离带，待其夜间爬出活动时黏上草木灰或石灰后死亡，阻止蛞蝓到垄面为害。

6. 诱杀。傍晚时将树叶、杂草或莴苣、甘蓝等蛞蝓喜食的叶菜做成诱集堆，并洒100倍食醋或啤酒+0.4%白糖引诱蛞蝓，翌日日出前进行集中捕杀。也可用多聚乙醛配成含有效成分2.5%～6%油渣毒饵撒于垄上诱杀。

7. 人工捕捉。晴天晚上8～9点蛞蝓爬出活动时是进行人工捕捉的最佳时机，连续捕捉3～4个晚上，可以基本上控制虫害。

8. 药剂防治。蛞蝓是软体动物，其腺体能不断地分泌出大量黏液，具有很强地抗药性，须用专杀软体动物类药剂防治。一是撒毒土，在种子发芽或苗期，傍晚时用6%四聚乙醛颗粒剂0.5～0.6千克/亩、10%多聚乙醛颗粒剂1～1.5千克/亩或6%甲萘威·四聚乙醛颗粒剂(蜗克星)250～500克/亩，拌细沙5～10千克/亩，在棚室前沿、垄沟内均匀撒施，即可取得良好防效。二是在阴天上午或晴天清晨，即蛞蝓尚未潜入土之前，选用硫酸铜800～1000倍液、90%敌百虫可溶性粉剂1000倍液、氨水70～100倍液或1%食盐水等喷雾防治。

38 鼠害

褐家鼠

小家鼠为害甜瓜叶片

为害特点

盗种、毁苗、啃食瓜菜及果实是温室害鼠为害的主要特点。西甜瓜受鼠害较重，尤以苗室、苗床受害重、损失大。温室害鼠为害高峰期主要集中在晚秋至早春。育苗期害鼠常盗食刚刚播种下的种子，毁坏苗床，造成缺苗、毁苗，延误农时；定植后啃食幼苗，造成缺苗断垄；生长中后期则啃茎食叶，盗食花果，影响植株正常生长发育，或直接造成减产。此外，害鼠还在棚内筑洞建巢，毁坏棚体及附属的保温、灌溉、输电、栽培等设施，严重干扰和影响正常的生产和农事活动。

防治方法

1. 鼠害猖獗的地方应定期(1～2年)在春秋两季有组织地开展大面积集中连片灭鼠联防，在温室区及外围农田的田埂、荒山、荒坡等处投放鼠饵，并常抓不懈，降低鼠口密度。

2. 温室生产开始之前应做好防鼠工作，购置必要的防鼠、捕鼠药品器械；捣毁、填平墙体及后坡上的鼠洞并修补破损处。内外后坡每隔2～3米放置一个毒饵盒，侧墙的前屋角内外、温室出入口也应放置毒饵盒或粘鼠板、鼠夹、鼠笼等捕鼠器械，防止害鼠入棚繁殖、为害。毒饵盒应勤加检查，及时补足饵料。每盒饵料的多少因害鼠的种类而异，一般小家鼠3～5克，褐家鼠5～10克。

3. 草帘、保温被在当季生产结束后应悬空垛码，下面投毒饵或安放鼠夹、鼠笼等，防止害鼠毁坏并在其中栖息繁殖、入棚为害。

4. 育苗和定植期是防治害鼠的关键时期。此时毒饵诱杀与灭鼠器械如电子捕鼠器、鼠夹、鼠笼、粘鼠板等配合使用，效果更好。

5. 充分发挥天敌对害鼠的控制作用，注意保护鼠类天敌。禁止投放剧毒鼠药，禁止猎杀鹰类、猫头鹰和蛇等害鼠天敌，提倡在温室区饲养猫、狗等天敌动物，以控制害鼠为害。

6. 用20.02%地芬·硫酸钡饵剂灭鼠。此饵剂是一种新型鼠药，害鼠取食后，药剂中所含的硫酸钡阻塞肠道，产生类似"肠梗阻"症状，引起肠道坏死而致害鼠死亡，具适口性好、无毒、无害、使用方便、防效高等诸多优点。但该饵剂在温室潮湿的环境下易结块和发生霉变，应注意勤检查并及时更换、补充。

39 药害

甜瓜苗2,4-D药害

甜瓜波尔多液药害

甜瓜坐果剂叶片药害状

甜瓜百菌通药害

甜瓜辛硫磷药害

甜瓜苗氧乐果药害

甜瓜2,4-D药害

薄皮甜瓜多尔多药害

西瓜除草剂药害

西瓜除草剂药害

为害特点

药害是指使用农药喷洒、拌种、浸种、蘸花、灌根、熏蒸和土壤处理后对作物产生的人为不良反应。药害有急性和慢性两种。急性药害一般在喷药后几小时至3~4天即出现明显症状，慢性药害则在喷药后经过较长时间才会出现明显反应。苗期表现为不出苗或出苗困难，或苗畸形，生长受抑。成株期多表现为斑点、失绿、烧伤、凋萎、脱叶或卷叶、落花、落果、幼嫩组织枯焦等诸多症状。生长调节剂还可引起植株矮化或疯长、枝叶丛生、果叶畸形、裂果等症状。设施西甜瓜药害一般是由杀虫剂、杀菌剂、除草剂以及植物生长调节剂的不合理使用引起的。

药害判别

药害易与生理性病害混淆，尤其和设施内常发的盐分障碍、肥害、冷害、冻害、气害等较难区分。由药害造成的植株生长缓慢症状与由生理病害造成的发僵症状或缺素症相比，药害往往伴有斑点或其他症状，而中毒发僵常表现为根系生长差，缺素症则表现为叶色发黄或暗绿；气害一般是离产气源近、通风不畅的地方重，距风口、门口近的地方发生轻；冷害、冻害及风害则与灾害性天气和温室管理，如保温措施、放风时室温、放风量等关系密切，受害程度有较强的区域性，如冻害靠近棚前沿的植株较重，风害一般是屋脊下面风口处或棚膜破损的地方重。

预防与补救措施

1. 严格按照使用说明合理混配农药、合理使用农药。配制时要准确计算稀释倍数，切忌擅自提高使用浓度。

2. 温室西甜瓜喷药最好有专用喷雾器。喷洒过除草剂或植物生长调节剂的喷雾器要及时彻底清洗，最好不在西甜瓜上使用。棚室外使用除草剂前，要密闭棚室，避免药剂通过棚室风口、入口漂移到棚室中造成为害。

3. 喷药后如发现有药害，应在早期药液尚未完全渗透或被吸收时，及时用大量清水喷洗叶片，减轻药害。

4. 产生药害后，要及时浇水并追施尿素等速效肥料。叶面喷施0.2%～0.5%的尿素或0.2%～0.5%的磷酸二氢钾溶液，也可叶面喷施碧护（0.136%赤·吲乙·芸可湿性粉剂）7500～20000倍液、0.01%芸苔素内酯乳油2500～5000倍液或1000～1200倍植物动力2013，7～15天喷施1次，连续2～3次，以促进植株正常生长，提高自身抵抗药害能力。

5. 根据引发药害的农药性质，喷施与其性质相反的中和物或拮抗剂来缓解药害。如喷施硫酸铜过量后可喷施0.5%的生石灰水中和。

6. 苗床施药发生药害时，应立即进行淋洗，并适当遮荫，防止暴晒使药害加重；土壤处理或灌根发生药害时，应及早灌水洗田，减轻药害。

7. 烟剂药害除加强棚室通风外，也可叶面喷施碧护（0.136%赤·吲乙·芸可湿性粉剂）7500～20000倍液、0.01%芸苔素内酯乳油2500～5000倍液或1000～1200倍植物动力2013，7～15天喷施1次，连续2～3次，刺激植物加速生理代谢，提高抗逆力，缓解药害症状。

参考文献

[1]吕佩珂等编著.中国蔬菜病虫害原色图谱(修订本).北京:中国农业出版社,1998年.

[2]吕佩珂等编著.中国蔬菜病虫害原色图谱续集(第二版).呼和浩特:远方出版社,2000年.

[3]孙智泰等编著.甘肃省农作物病虫害.兰州:甘肃人民出版社,1984年.

[4]刘秀芳编著.西瓜甜瓜主要病虫害的识别及其防治.北京:中国农业出版社,1993年.

[5]杨宇红等编著.黄瓜病虫害防治新技术(修订版).北京:金盾出版社,2006年.

[6]付连江等编著.高效节能日光温室蔬菜栽培.兰州:甘肃科学技术出版社,1993年.

[7]胡玉清等编著.无公害蔬菜栽培新技术.北京:金盾出版社,1998年.

[8]王焕民,张子明等著.新编农药手册.北京:中国农业出版社,1989年.

[9]剧正理等编著.菜园新农药151种及其使用方法.北京:中国农业出版社,2000年.

[10]郭全宝等编著.中国鼠类及其防治.北京:中国农业出版社,1984年.

[11]张玉聚等主编.中国蔬菜病虫害原色图解.北京:中国农业科学技术出版社,2010年.

[12]孙述俊主编.设施蔬菜种植主要病虫害防治图解.兰州:甘肃科学技术出版社,2010年.

[13]沈渭明编著.怎样种好日光温室西瓜.兰州:甘肃科学技术出版社,2010年.

[14]雷海嶂编著.怎样种好日光温室甜瓜.兰州:甘肃科学技术出版社,2010年.